光学随机相位编码技术及应用

袁胜 著

中国水利水电出版社
www.waterpub.com.cn
·北京·

内 容 提 要

本书主要介绍了光学随机相位编码技术及其在图像加密、信息隐藏、安全认证、光学成像等方面的应用。全书主要概括为五个部分，第一部分主要介绍光学随机相位编码技术的理论基础；第二部分介绍基于随机相位编码的图像加密及攻击技术；第三部分介绍基于随机相位编码的信息隐藏及隐藏信息的检测技术；第四部分介绍基于光学干涉加密系统的安全认证技术；第五部分介绍基于随机相位调制的强度关联成像技术及其在图像加密中的应用。本书结合作者的研究成果，详细论述了相关理论和方法，并展望了光学随机相位编码技术的研究前沿和应用前景。

本书内容详实，并提供了当前国内外相关研究领域的最新进展和成果，可以供光信息技术研究人员阅读，也可以作为光信息科学与技术及相关专业本科生和研究生的教材及教学参考书。

图书在版编目（C I P）数据

光学随机相位编码技术及应用 / 袁胜著. -- 北京 ：
中国水利水电出版社，2018.4（2022.9重印）
ISBN 978-7-5170-6361-2

Ⅰ．①光… Ⅱ．①袁… Ⅲ．①信息光学－安全技术
Ⅳ．①O438

中国版本图书馆CIP数据核字(2018)第053636号

策划编辑：石永峰 责任编辑：陈 洁 加工编辑：张天娇 封面设计：李 佳

书　名	光学随机相位编码技术及应用 GUANGXUE SUIJI XIANGWEI BIANMA JISHU JI YINGYONG
作　者	袁胜 著
出版发行	中国水利水电出版社 （北京市海淀区玉渊潭南路 1 号 D 座　100038） 网址：www.waterpub.com.cn E-mail: mchannel@263.net（万水） 　　　　sales@mwr.gov.cn 电话：(010) 68545888（营销中心）、82562819（万水）
经　售	全国各地新华书店和相关出版物销售网点
排　版	北京万水电子信息有限公司
印　刷	天津光之彩印刷有限公司
规　格	170mm×240mm　16 开本　13.5 印张　256 千字
版　次	2018年4月第1版　2022年9月第2次印刷
印　数	2001-3001册
定　价	54.00 元

前　　言

在光学发展史中，20 世纪 60 年代诞生的激光是一项重大成就。激光的出现和发展，使光学的研究进入一个崭新的阶段，成为现代科学技术的前沿阵地之一。随着现代科学技术和工业技术以及信息处理技术的发展，光学与其他科学技术广泛结合并相互渗透，产生了许多新理论、新技术，形成了许多新的分支学科和交叉学科。随机相位编码是光学成像和信息编码的一项重要手段。它以光波为载体，以信息光学和光的传输理论为基础，能够实现对待测物体的成像、识别、加密、隐藏和认证，已被广泛应用于光学成像和信息安全领域。本书是在近年来从事光学信息处理技术研究的基础上，吸收了国内外同仁相关的研究成果，从光学成像和信息编码的角度编写而成的。

本书首先介绍了光学随机相位编码技术的研究背景和意义，随后以信息光学原理为基础，系统介绍了随机相位编码技术的基本原理以及在信息安全和光学成像方面的典型应用。第 1 章针对国内外基于随机相位编码的信息安全和光学成像典型方案进行了综述；第 2 章以基尔霍夫衍射公式为基础，介绍了光学标量衍射的基本原理，主要包括两种典型的衍射：菲涅耳衍射和夫琅禾费衍射，随后系统阐述了透镜的傅里叶变换性质、光学相干理论，以及热光和散斑场的相关概念；第 3 章介绍了以透镜实现傅里叶变换的理论为基础的双随机相位编码技术；第 4 章在 Kerckhoff 假设的前提下，系统介绍了四种典型的针对双随机相位编码系统的攻击方法；第 5 章针对双随机相位编码的攻击技术，介绍了增强其安全性的改进方案；第 6 章针对双随机相位编码技术属对称密码体制、其密钥需要单独传输的缺点，介绍了利用 RSA 公钥密码体制管理和传输双随机相位编码技术中的相位板密钥的方法；第 7 章首先介绍了基于双随机相位编码技术的信息隐藏技术，分析了借助图像复原技术提取秘密信息的方法，然后回顾了实虚部空域叠加的双随机相位编码信息隐藏方法，并针对其缺点，探讨了一种基于双随机相位编码技术和 RSA 公钥密码体制的信息隐藏技术；第 8 章介绍了一种基于统计假设检验的信息隐藏检测方法；第 9 章介绍了一种基于光学干涉原理和改进型纯相位相关器的光学认证系统；第 10 章介绍了基于随机相位调制的关联成像的相关知识和关联成像中用到的压缩感知算法；第 11 章分析了基于计算关联成像加密技术的基本原理，分析了三种基于计算关联成像的加密技术的选择明文攻击技术，给出了增强其安全性的有效方法，最后介绍了基于计算关联成像的多图像加密方案。

全书从内容上主要概括为五个部分：第一部分（第1、2章）主要介绍光学随机相位编码技术的理论基础；第二部分（第3~6章）介绍基于随机相位编码的图像加密及攻击技术；第三部分（第7、8章）介绍基于随机相位编码的信息隐藏及隐藏信息的检测技术；第四部分（第9章）介绍基于光学干涉加密系统的安全认证技术；第五部分（第10、11章）介绍基于随机相位调制的强度关联成像技术及其在图像加密中的应用。

在编写中，我们努力使本书涉及的内容都是最新的研究进展，在理论上力求简明易懂，便于学生自学，激发读者的研究兴趣。本书在编写过程中，得到了中国水利水电出版社的大力帮助，在此表示衷心的感谢。

由于作者水平有限以及光电信息技术的不断发展，书中难免有不足和错误之处，敬请读者批评指正。

编　者
2017 年 11 月

目　　　录

第1章 绪论

1.1 信息安全

随着因特网和多媒体技术的快速发展，数字化信息以不同的形式在网络上方便、快捷地传输，多媒体通信逐渐成为人们之间交流信息的重要手段。数字信息系统与网络在人们的工作、生活和学习中发挥的作用越来越明显，人们可以通过网络交流各种信息、进行网上贸易等。然而，因特网的平民化和便捷性给人们带来了信息传递快捷通道的同时，也带来了隐患。因为敏感信息容易被窃取、篡改、非法复制和传播等，所以确保信息的安全已成为人们极为关心的问题，也是当今各国科研人员研究的热点和难点之一。

信息加密、信息隐藏和安全认证是信息安全领域主要的研究方向[1,2]。信息加密主要是通过密码学的方法，将秘密信息变换为看上去毫无意义的乱码，使得在信息传输过程中，非法攻击者无法从乱码中获得秘密信息，从而保证信息的安全；而信息隐藏主要是将有意义的信息（或经密码学方法加密后的信息）隐藏在另一称之为载体的信息中，得到隐秘载体，借助载体实现秘密信息的传输。由于攻击者不知道这个普通载体中是否隐藏了秘密信息，从而隐藏了通信的存在，保证了信息的安全。信息加密技术隐藏了信息的"内容"，信息隐藏技术隐蔽了信息的"存在"；身份认证也称为"身份验证"或"身份鉴别"，是指在计算机及计算机网络系统中确认操作者身份的过程，从而确定该用户是否具有对某种资源的访问和使用权限，进而使计算机和网络系统的访问策略能够可靠、有效地执行，防止攻击者假冒合法用户获得资源的访问权限，保证系统和数据的安全，以及授权访问者的合法利益。

1.1.1 密码学简介

1. 密码体制

密码编码学是研究如何对信息进行变换，以隐蔽其真实含义的学科[3-6]。具有这种功能的系统称为密码系统（Cryptographic System）。被编码的信息称为明文（Plaintext），经过密码编码方法将明文变换成的另一种隐蔽形式称为密文（Ciphertext）。保密通信的过程如图 1.1 所示，发送方在加密密钥 k_e 的控制下经过加密算法把信源的待加密信息 m（明文）变换成密文 c。密文 c 经信道发送给接收方。接收方收到密文 c 后，在解密密钥 k_d 的控制下将密文 c 还原成明文 m。另外，在保密通信的过程中还存在着两种攻击，即非法接入者的主动攻击和窃听者的被动攻击[5]，主动攻击者将经过篡改的密文信息 c' 插入信道，而被动攻击者只是将窃听到的密文 c 进行分析，试图获得明文 m。

设明文空间为 M，密文空间为 C，密钥空间分别为 K_e 和 K_d，其中 K_e 是加密密钥空间，K_d 是解密密钥空间，K 为密钥，C' 为非法接入者攻击后的密文，M' 为窃听者破译获取的明文。对给定的明文 $m \in M$，密钥 $k_e \in K_e$，加密变换将明文 m 变换成密文 c 的过程表示为：

$$c = E_{k_e}(m) \tag{1.1}$$

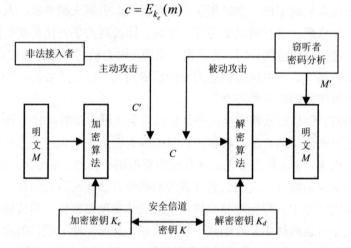

图 1.1　保密通信示意图

接收方利用解密密钥 $k_d \in K_d$，对收到的密文 c 实施解密运算，得到明文 m，该过程可以表示为：

$$m = D_{k_d}(c) \tag{1.2}$$

我们称总体 $(M, C, K_e, K_d, E_{k_e}, D_{k_d})$ 为一个密码系统或密码体制。其中，E_{k_e} 和 D_{k_d} 分别表示加密变换和解密变换。

2. 单钥密码体制

如果一个密码体制的加密密钥和解密密钥相同，或者两者之间存在简单的变换关系，则称此密码体制为单钥密码体制或对称密码体制[4,5]。单钥密码体制的保密性能主要取决于密钥的安全性。将密钥安全地分配给通信双方，需要处理包括密钥的产生、分配、存储、销毁等多方面的问题，统称为密钥管理[4,5]。这是影响单钥密码体制安全性的关键因素。因为倘若密钥管理不当，即使密码算法再好，也不能实现系统的安全保密。

虽然对称密码体制提供了很多加密技术中所需要的服务，它能够安全地保护秘密信息，但是使用对称密码进行保密通信，仍然存在两个难题：

（1）通信双方必须事先就密钥达成共识。因为通信双方若不能通过非保密方式达成密钥共识，则密钥就容易被其他人窃取，所以通信双方需要进行私人会面以交换密钥。如果需要发送消息给许多用户，就需要建立许多新的密钥，那么，仅通过私人会面以达成密钥共识是不够的。因此，在利用对称密码体制进行保密通信的过程中，必须解决其密钥管理问题。

（2）在 A 向 B 进行了利用对称密码体制的保密通信后，A 可能会否认向 B 发送过加密消息。他可以说是 B 自己创建了这则消息，然后使用他们共享的密钥加密。由于用此密钥加密和解密的过程相同，并且他们都可以访问它，所以他们中的任何一个人都可以加密这则消息。因此，B 希望 A 的消息带有数字签名，这样 A 就无法否认了。然而，仅仅依靠对称密码体制却很难实现数字签名，目前只能依靠公钥密码来解决这个问题。

因此，密钥管理困难是对称密码应用的主要障碍；另外，不易实现数字签名，也限制了对称密码体制的应用范围。

3. 公钥密码体制

1976 年美国斯坦福大学的 W. Diffie 和他的导师 M. Hellman 发表了"密码学新方向"的论文[7]，第一次提出公钥密码体制的概念，从此开创了一个密码的新时代[8-10]。

公钥密码体制的基本思想是，将对称密码体制的密钥 k 一分为二[6]，即加密密钥 k_e（公钥）和解密密钥 k_d（私钥），使 $k_e \neq k_d$，而且由计算复杂性确保由加密密钥 k_e 不能推出解密密钥 k_d。这样，即使将 k_e 公开也不会暴露 k_d，因此可以将 k_e 公开而只对 k_d 保密，从而从根本上克服了对称密码在密钥管理上的困难。

根据公钥密码体制的基本思想可知，一个公钥密码算法应当满足以下三个条件[6]：

（1）使用私钥 k_d 可以解密由公钥 k_e 加密的密文，即解密算法 D_{k_d} 与加密算法 E_{k_e} 对所有明文 M 都满足：

$$D_{k_d}(E_{k_e}(M)) = M \tag{1.3}$$

（2）在计算上不能由 k_e 推导出 k_d。

（3）加密运算 E_{k_e} 和解密运算 D_{k_d} 都是高效的。

满足了以上三个条件，即可构成一个公钥密码体制，它可以确保信息的秘密性。但是，如果还要确保信息的真实性，则还需满足下面的条件：

对于所有明文 M 都有：

$$E_{k_e}(D_{k_d}(M)) = M \tag{1.4}$$

这是公钥密码体制能够实现数字签名、确保信息真实性的基本条件。

1.1.2 信息隐藏

信息隐藏作为信息安全中的另一重要核心技术，是 20 世纪 90 年代从国外逐步兴起的，目前已引起了众多信息安全领域科研人员的研究兴趣。它是利用多媒体信号本身存在的冗余，将秘密信息隐藏在宿主信号中，在不影响宿主信号的感觉效果和使用价值的前提下，达到不被感知系统察觉的目的[11-14]。信息隐藏最重要的特点在于它不仅隐藏了信息的内容，而且隐藏了通信的存在，因而在信息安全领域显示出广阔的应用和发展前景[11-14]。

1. 信息隐藏系统

一个通用的信息隐藏系统如图 1.2 所示，系统主要包括一个嵌入运算和一个提取运算。其中嵌入运算是指信息隐藏者利用嵌入密钥，将秘密信息添加到原始宿主信息中，从而生成合成信息。提取运算是指利用提取密钥从接收到的合成信息中恢复出秘密信息。嵌入密钥和提取密钥用于控制隐藏过程，使得检测和恢复过程仅限于那些知道密钥的人。

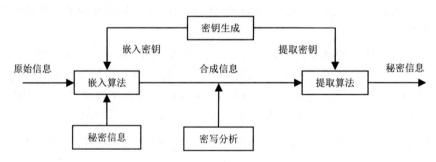

图 1.2　信息隐藏的一般框架

其中，在信息隐藏系统中的密写分析是指试图发现隐秘信息，进而对其破译的操作或运算[14]。也就是说，在这个信息隐藏系统模型中，还存在着一个隐藏分析者。它通常位于隐藏对象传输的信道上。

2. 信息隐藏分类

近来，人们提出了许多信息隐藏技术，其中大多数技术都是基于替换方法或修改方法的[13]，即用一个秘密信息替换或修改宿主信息中的冗余部分。信息隐藏技术主要用来实现以下几类保护：防窃听、防篡改、防伪造、防抵赖。一般来说，按照保护对象，信息隐藏技术主要分为隐匿技术和版权标记技术[12,13]。前者主要用于保密通信，它所要保护的是秘密信息本身，后者主要用于保护隐秘载体，详细的分类如图 1.3 所示。在这些技术中，密写术和版权保护技术是目前研究较为广泛和热门的课题。

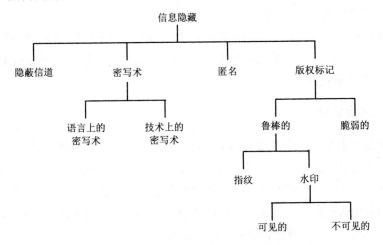

图 1.3   信息隐藏技术按保护对象的分类

3. 信息隐藏的特征

信息隐藏虽然有许多不同的分支，但各个分支具有许多共同的特征[13]。

（1）不可感知性。对于信息隐藏技术，最重要的要求是隐藏信息的不可感知性。如果在信息嵌入过程中使载体引入了人为的痕迹，给载体的质量带来了可视性或可听性的明显下降，就会减少已嵌入信息的载体的价值，破坏信息隐藏系统的安全性。当然，个别特殊场合会使用可见水印。

（2）鲁棒性。信息隐藏技术应保证在隐秘载体受到一定的扰动后，仍然能从中恢复隐藏信息。对多媒体数据通常要做有损压缩处理，以缩小文件数据量，节省存储空间和传输时间。另外，信息在传输过程中也可能会受到噪声、滤波、人为破坏等干扰，因此具有一定的鲁棒性是必须的。

（3）稳健性。信息隐藏中的水印技术必须具有高度的稳健性，任何删除水印的行为都会损害数字产品的质量，使之失去价值。密写技术则不一定要求这样强的稳健性，甚至很脆弱。

（4）嵌入容量和强度。在保证不可感知性和载体一定的前提下，应尽量在载体中嵌入更多的信息，提高信息的传输效率。另外，也希望嵌入信息的强度较高，这可以增强信息隐藏系统的鲁棒性，但是这会减弱信息隐藏的不可感知性和安全性，所以两个方面需要权衡考虑。

（5）密钥与安全性。在隐秘载体被发现后，隐藏信息的安全就转化为像信息加密技术一样对密钥的保护。因而，密码学中对密钥的基本要求也适用于信息隐藏技术，如必须有足够大的密钥空间等。在设计一个信息隐藏系统时，密钥的产生、发放、管理等都需综合考虑。

（6）自恢复性。经过一些操作或变换后，可能使原数据产生较大的破坏，但是，如果只从留下的片段数据仍能恢复隐藏信息，而且恢复过程不需要宿主载体，这就是所谓的自恢复性。

1.1.3　身份认证

通信和数据系统的安全性常取决于能否正确验证通信用户或终端的身份。身份认证又可以称为身份识别，它的目的就是要证实用户或主体包括各种终端的真实身份是否与其所声称的身份相符的一个过程，通常是用交互式协议实现的。目前存在有非常多的身份认证协议，但由于身份认证通常与具体的应用系统高度集成，其标准化程度并不高，单独的身份认证系统也不多见。

1. 静态身份认证

静态身份认证通常指利用口令来进行的一种身份验证方法，如操作系统及诸如电子邮件系统等一些应用系统的登录和权限管理等。系统事先需要保存每个用户的二元信息组（ID_x，PWx），进入系统时用户输入其拥有的 ID_x 和 PWx，系统根据保存的用户信息和用户输入的信息相比较，从而判断用户身份的合法性。这种身份认证方法操作十分简单，无需任何附加设备，成本低、速度快，但同时又最不安全，因为其安全性仅仅基于用户口令的保密性，而用户口令一般较短，容易猜测且常以明文形式存储。另外，口令的明文传输使得系统攻击者很容易通过搭线窃听方法获取用户口令，很难防止重放攻击和来自内部人员的攻击。静态身份认证的安全性较低，很难满足复杂网络环境下的应用要求。

2. 动态身份认证

动态身份认证通常是指基于挑战应答模式的密码协议。其主要思想是，证明方通过某种方式展示拥有与他所声称的身份有关的秘密信息来向验证方证明他就是所声称的身份实体，但同时并不会将那个秘密信息本身透露给验证者，即实现零知识证明。在挑战应答模式下，这通常是通过验证方向证明方发送一个随机且通常保密的挑战信息，然后证明方根据该挑战信息以及其所掌握的与身份相关联的秘密信息，生成对应的响应信息"证据"发送给验证方，再由验证方通过某种方式来验证该响应的正确性并以此来证实证明方的身份。挑战应答方式在每次认证过程中，证明方提供的"证据"都是一次性的，如果在通信过程中，他们的通信信息包括响应信息被侦听、窃听，那么协议的零知识证明特性将保证窃听者不能从窃取的信息中得到任何有用的信息，用于使验证者接受他是原证明方的身份。

1.2 传统信息安全技术面临的威胁

随着通信技术和计算机技术的快速发展，信息安全面临的威胁也多种多样，但是，归纳起来可以分为两类[4]：主动攻击和被动攻击，如图1.4所示。

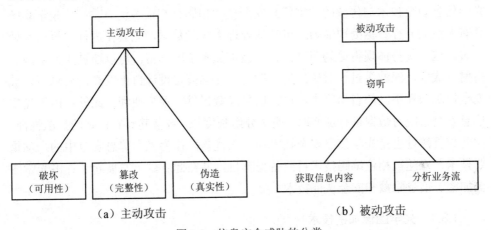

图1.4 信息安全威胁的分类

主动攻击是指能够对所截获的信息进行修改甚至破坏的攻击。在这种攻击中，入侵者往往采取删除、篡改、伪造等手段向系统注入假信息，或者对传送中的信息进行某些破坏，使合法用户也无法提取秘密信息，以此来影响信息系统的正常运行。

绝对防止主动攻击是十分困难的，因为需要随时随地对通信设备和通信线路进行物理保护，因此抗击主动攻击的主要途径是检测，以及对此攻击造成的破坏进行恢复。

被动攻击是指攻击者通过搭线窃听等方式，截获保密系统的密文，并对其进行分析，以获得密钥或明文的攻击。被动攻击又可以分为两类：一类是获得信息的内容；另一类是进行业务流分析，即获取消息的格式、确定通信双方的位置和身份，以及通信的次数和消息的长度等，在某些特定情况下，这些信息对通信双方来说可能是敏感的。

随着计算机计算能力的不断提高，被动攻击技术日益威胁着保密系统的安全。被动攻击不干扰通信系统的正常运行，但是有的信息可能被盗取，并用于非法目的。被动攻击因不对消息做任何修改，因而是难以检测的，所以抗击这种攻击的重点在于预防而非检测。

1.3　光学信息安全技术

在传统的信息安全技术日益面临挑战的今天，基于光学理论的信息安全技术以其独特的优势引起了众多科研人员的重视，并相继投入到这一领域的研究之中。光学信息安全技术与传统的数字信息安全技术相比具有很多优点[15,16]：光学系统具有天然的并行数据处理能力，可快速处理大容量数据，尤其在进行大量信息处理时，这一优势体现得更为明显；光学技术加密手段丰富，可以通过光的干涉、衍射、成像、滤波等过程对信息进行编码；光学装置设计自由度高，信息可以被安全地隐藏在不同的自由度中，这为信息隐藏提供了很多便利；此外，由于光学信息安全系统对数据进行加密时，明文分组长度长，致使其具有良好的扩散性能，因此高鲁棒性也是光学信息安全技术的一大优势。作为光学信息安全中的一项重要技术，双随机相位编码技术目前备受瞩目，并在此基础上发展起了许多光学图像加密、信息隐藏和安全认证技术。

1.3.1　光学图像加密技术

光学信息处理的独特优势在于其并行数据处理能力，因此针对图像的加密技术成为光学信息安全技术研究中的一项重要内容。下面我们来简要介绍一下以双随机相位编码技术为代表的，以及由此延伸出的几种比较典型的光学图像加密技术。

1. 基于 4f 系统的双随机相位编码技术

1995 年美国康涅狄格大学的 Refregier 和 Javidi 首次提出了双随机相位编码技术[17]，引起了国内外信息安全领域科研人员的极大兴趣，并在此基础上发展了许多光学信息安全技术[17-65]。

双随机相位编码技术是通过光信息处理系统中的 4f 系统实现的。其基本原理是：以随机的纯相位掩膜（Random Phase Mask，RPM）作为密钥，对 4f 系统输入平面上的图像在空间域和频率域分别进行随机相位调制，在输出平面上得到统计特性呈平稳白噪声形式的加密图像[17,18]，从而完成信息加密。其中，随机相位掩膜由全透明的塑料薄片制作，具有很高的分辨率，几平方毫米的塑料薄片就很容易达到上万甚至百万个像素，而且相位随机分布，可以对入射光产生 0 到 2π 的随机相位延迟。在双随机相位编码技术加密和解密的过程中，都需要相位板密钥的参与。由于 CCD 等光强探测器无法探测随机相位掩膜上的相位分布，因此难以复制解密密钥，从而保证了双随机相位编码技术的安全性。

2. 基于菲涅耳变换的双随机相位编码技术

基于 $4f$ 系统的双随机相位编码技术是在输入图像的傅里叶变换域进行编码的，两个随机相位板分别放置在透镜固定的焦平面上。根据光的菲涅耳衍射原理，光的衍射距离不同，得到的衍射结果也不相同。根据这个原理，Matoba 等提出了在菲涅耳域进行图像编码的方法[19]。之后，Situ 等提出了一种可实现菲涅耳域双随机相位编码过程的更为简单和方便的光学装置[20]。该装置不需要透镜，既降低了系统的硬件要求，又提高了系统的安全性。

基于菲涅耳域双随机相位编码的光学系统与 $4f$ 系统相似，也需要三个平面，分别是输入平面、变换平面和输出平面，它们的位置在满足菲涅耳近似条件下可以任意变动。在系统的输入平面和变换平面上分别放置一个随机相位板，当一束平行光照射时，图像首先经第一个随机相位板调制后作一次菲涅耳衍射变换到达变换平面，然后经过第二个随机相位板作变换域调制，再作一次菲涅耳衍射变换，在输出平面上得到平稳白噪声形式的加密图像。由于衍射结果对光的波长和衍射距离的敏感性，除了随机相位板的相位分布外，光的波长和衍射距离也作为系统的密钥，极大地扩展了系统的密钥空间，增强了系统的安全性。

3. 基于分数傅里叶变换的双随机相位编码技术

分数傅里叶变换是广义的傅里叶变换，可以通过简单的光学系统实现。因此，一个更具一般性的双随机相位编码加密系统可以通过分数傅里叶变换系统实现。2000 年，Unnikrishnan 和 Singh 等提出了一种基于分数傅里叶变换的双随机相位编码技术[21]。该技术同样也只需要三个平面，即输入平面、变换平面（相当于傅里叶变换的谱平面）和输出平面。加密过程也与菲涅耳变换域图像加密方法类似，只是菲涅耳衍射变换在此变为分数傅里叶变换。在分数傅里叶变换中有三个变换参数：输入尺度因子、输出尺度因子和变换阶次。因此，在该项技术中，除了将随机相位板作为密钥之外，输入尺度因子、输出尺度因子和分数傅里叶变换的阶次也起到了密钥的作用。所以，基于分数傅里叶变换的光学加密系统比 $4f$ 系统具有更高的加密维度和更高的安全性。除此之外，分数傅里叶变换系统中光学透镜的个数可以是任意的，这样可以形成所谓的级联图像加密系统，级次越多，保密性越高[21-26]。

分数傅里叶变换的尺度因子和变换阶次等参数理论上可以任意选取，但是变换参数决定了系统的空间带宽积和系统所能处理信息的空间频率的大小。因此，为了提高系统在实际应用中的整体性能，需要对变换参数的取值进行优化。为此，Unnikrishnan 等从几何光学的角度对系统的变换作了非常深入详细的分析[27]，给出了系统设计的一般流程、各参数的最优取值以及空间频率的理论上限等。此外，Yetik 等也提出了类似的变换参数优化问题，并从优化算法的角度作了较多深入的探讨[28]。

4. 基于数字全息的双随机相位编码技术

以上介绍的几种光学编码技术加密后的数据通常为复数形式，不便于记录、存储和传输。为了让光学加密技术更好地与目前的数字信号处理技术和通信系统相兼容，一种可行的方法是借助数字全息技术将光学模拟信号转化为数字信号。

在数字全息技术中，全息图通常先由光学方法获得，即通过物波与参考波发生干涉，并借助 CCD 拍摄获得全息图，然后以数字形式存储。而原始物体信息（包括振幅和相位）只需借助各种数字重建算法，通过计算机模拟光学再现的物理过程便可获得。由于数字全息技术具有许多独特的优势，因此在光学图像加密领域中被广泛采用[29-36]。

Tajahuerce 等提出了基于相移干涉技术的随机相位编码系统[29]，在该系统中激光经分束器后被分为两束，分别为物光束和参考光束。在物光束中放置待加密的输入图像和紧贴其后的随机相位板，在参考光束中放置两个相位延迟片和另一个随机相位板。通过调节参考光束中的两个相位延迟片，可以使参考光产生 0、$\pi/2$、π、$3\pi/2$ 的相位延迟。在不同的相位延迟下，CCD 接收到不同的加密后的全息图。经过 CCD 的光电转换，数字全息图像可以通过通信链路传输，而在接收端仅仅通过数字方法即可恢复图像，不再需要原有的光学加密装置和全息底片，为光学加密技术应用于数字通信链路开辟了一条有效途径。目前，已发展了许多基于相移干涉技术的光学图像加密技术[30-33]。

此外，Bavidi 和 Nomura 借助于离轴数字全息术，对光学图像加密技术进行了有益的尝试[34,35]。Tan 等也提出了一种数字全息加密方法[36]，不同之处在于，该方法采用基于 $4f$ 系统的联合变换相关器来恢复原始图像。

5. 基于迭代相位恢复算法的双随机相位编码技术

由测量光场中的强度分布计算信息场的相位分布的方法称为相位恢复算法。其中最著名的是 GS 算法[37]，它是 1972 年 Gerchberg 和 Saxton 在研究电子显微成像的相位恢复问题时提出的。随后，科研人员又提出了许多在此基础上的改进算法，如混合输入-输出算法[38]、迭代角谱算法[39]、杨-顾算法[40]、级联相位恢复算法[41]等。

Wang 和 Situ 等[41-46]相继提出了基于迭代相位恢复算法的双随机相位编码技术，该技术表面上看仍然是基于光信息处理中的 4f 系统实现的，但是与传统的双随机相位编码技术不同，该技术是将一幅待加密的图像通过相位恢复算法编码到两个相位板中，其加密运算通过数值计算方法实现，而解密运算可以通过光学方法实现。其具体过程是：首先为两个相位板随意赋一初始值，按照光的传播方向对输入光场作傅里叶变换计算，获得频谱面上的波前函数，然后以频谱面上的振幅作为约束条件替换该波前函数的振幅，而相位保持不变；接下来对新的波函数作逆傅里叶变换，得到输入平面上的波函数，而后再引入输入平面上的约束条件，即将振幅替换为原输入平面上的振幅，相位仍然保持不变。如此反复循环该过程，直至满足一定的收敛准则，迭代结束[41,44]。这样，秘密图像即被加密为输入平面和频谱面上的相位分布。解密时使用平行光照射该加密系统，即可在 4f 系统的输出平面上得到原图像。

6. 纯相位光学加密系统

Towgbi 等提出了一种纯相位光学图像加密技术[47]，该技术是将强度图像编码到相位上，然后通过对相位的双随机相位编码操作来完成图像加密。纯相位加密方法与振幅加密方法相比，具有较强的抗噪性能的优势。然而该方法存在的一个问题是需要把振幅信息编码到相位板上，这导致相位板的制造非常复杂。对此，丹麦科学家 Mogensen 等推广了泽尼克相衬法，提出了一种纯相位光学加密方案[48-50]，该方案利用相衬技术提取解密后的纯相位图像中的相位信息，把加密相位板和密钥相位板都置于 4f 系统的输入面，用偏振光照射加密相位板，直接把加密信息映射到密钥上，形成解密的纯相位信息，然后在频谱面上利用相衬滤波器对其进行滤波，在高、低频分量间产生一定的相位差，这些分量之间通过傅里叶变换透镜发生干涉，最后在输出平面得到解密图像。该技术也是一种较为典型的光学图像加密方法。

1.3.2　基于光学方法的信息隐藏技术

双随机相位编码技术不仅在图像加密方面显示出极强的发展潜力，在信息隐藏的研究领域中也表现出极大的活力。在本节中，我们介绍几种具有代表性的基于双随机相位编码的信息隐藏技术。

1. 基于双随机相位编码技术的信息隐藏

2001 年，Rosen 和 Javidi 首次提出基于罗曼全息图的半色调图像信息隐藏方法[51]。该方法首先利用约束投影算法将水印信息编码为纯相位函数，然后利用联合变换相关器提取隐藏信息。该方法可以将水印嵌入到半色调图像中，并且水印信息不会因为印刷而丢失。2002 年，Kishk 和 Javidi 提出了一种基于双随机相位编码技术的信息隐藏方法[52]。该方法是将待隐藏的信息经过双随机相位编码后，按一定权重加载到宿主信息中，完成信息的隐藏。提取隐藏信息时，直接对含有隐藏信息的图像进行双随机相位解码运算，虽然解密图像中含有一定的噪声，但是其解密效果是可以接受的。该方法中秘密信息的嵌入和提取方法非常简单，而且由于采用了双随机相位编码技术，使该方法具有较强的抗噪声能力，并能较好地抵抗剪切、数据压缩、量化等常见的图像处理操作，具有较强的鲁棒性。

2. 三维物体数字水印

2003 年，Kishk 等通过制作全息图的方法实现了三维物体的水印技术[53]。该方法将相移干涉技术与双随机相位编码技术相结合，把经双随机相位编码后的水印信息嵌入到由相移干涉仪产生的宿主全息图中，实现了在三维物体中嵌入水印的技术。随后，他又提出了用类似的方法在三维物体中嵌入三维水印的技术[54]。该技术首先通过相移干涉仪制作宿主图像和水印图像的全息图，然后将水印全息图利用双随机相位编码技术加密，嵌入到宿主全息图中，最后对含有水印的全息图再次进行双随机相位编码，以增强其安全性。

最近，Peng 等提出了基于虚拟光学的三维空间数字水印算法[55-58]。该方法利用虚拟菲涅耳衍射在三维空间的形态变化，实现了水印在三维空间的嵌入和提取，具有良好的可证明性、不可感知性、安全性以及鲁棒性。随后，他们又将这种方法推广到了音频水印领域[59]。为了进一步提高安全性，他们还提出了一种结合随机相位模板加密的高安全性三维空间数字水印算法[60]。随机相位模板加密技术的引入，极大地提高了水印系统密钥空间，增强了系统的安全性。

3. 彩色图像信息隐藏

在彩色图像信息隐藏研究方面，Zhao 等提出了一种基于分数傅里叶变换的信息隐藏方法[61]。该方法是将 RGB 彩色图像分解为 R、G、B 三个通道，然后分别对其进行基于分数傅里叶域的双随机相位编码加密，最后将加密图像隐藏在宿主图像的分数傅里叶变换谱中，再对其作逆分数傅里叶变换，完成彩色图像的信息隐藏。该隐藏过程通过两次分数傅里叶变换实现，以入射波长、分数傅里叶变换级次以及相位板作为密钥，使该方法具有很高的安全性。另外，Meng 等提出了一种基于相移干涉全息和相邻像素值相减技术的数字水印方法[62]。该方法首先将彩色图像转换为索引图像，然后将索引数据矩阵进行菲涅耳域的双随机相位编码，用四步相移方法产生索引图像的全息图，再将得到的全息干涉图作为水印，嵌入在彩色图像的某一通道的离散余弦变换系数中，信息的提取过程可以采用相邻像素值相减的方法，利用该方法可实现盲提取。

4. 多图像信息隐藏

He 等综合基于菲涅耳变换的双随机相位编码技术和相移干涉技术，提出了多图像的信息隐藏方案[63,64]。但是这些方法没有从根本上消除来源于多图像叠加和嵌入载体图像两个过程引入的加性串扰，因此导致了提取的秘密图像质量明显下降，也限制了信息的隐藏容量。Shi 和 Xiao 等针对该缺陷相继提出了基于级联相位恢复算法的多图像信息隐藏方法[65-67]。该方法是通过寻找可实现由宿主图像变换为隐藏图像的相位板来完成信息隐藏的，不同的隐藏图像对应不同的相位板和衍射距离，彻底避免了多图像之间的加性串扰。

1.3.3 基于光学方法的安全认证技术

在光学信息安全领域，光学图像认证过程普遍都伴随着随机相位编码过程，一是为了防止泄露图像信息，更主要的原因在于相位信息难以探测和复制，很适合作为认证密钥。

光学图像认证理论和技术主要可以划分为两类，第一类基于有意义的输出图像识别（Significant Output Images Recognition）。这是相位恢复在光学图像加密中的应用，Wang 和 Rosen 等在这方面做出了开创性的工作[42,68]。Wang 等通过相位恢复算法将图像编码成了纯相位信息，在输出面给予一个随机相位，利用编码相位在空间频谱面滤波，在输出面就可以识别出图像。因此，Wang 等的初衷是将这种加密方法应用于认证（Verification），编码相位以及输出图像可以作为检验随机相位真实性的密钥。另外一种基于图像识别的方案则来自于 Zhang 等提出来的干涉编码[69]，这种编码方式可以不需要利用迭代恢复算法就能将图像信息编码成两个纯相位。基于这种编码方式，Zhang 等提出了一种认证设想，两个纯相位板分发给两个授权的用户，用户只有使用正确的相位板，才会干涉输出原始图像信息，从而获得认证通过。根据上述认证思想发展而来的认证工作主要如下：2005 年，Situ 等基于傅里叶域的相位恢复设计了图像隐藏方案，并且据此提出了两步认证应用[70]；2011 年，我们通过级联 4f 滤波系统以及干涉编码系统实现图像认证[71]，通过在 4f 系统的频谱面设定一个相位锁，将图像信息编码成了两个纯相位，只有在这两个相位正确的情况下，4f 系统的输出面才能输出原始图像；2012 年，深圳大学的 He 等基于 Hash 函数以及干涉编码[72]，实现了多用户（多图像）分级身份认证。

第二类光学认证基于光学相关识别，主要包括联合变换相关以及匹配滤波相关识别认证技术。此时认证过程不再是查看输出图像内容，而是考察两个图像的相关性，如果相关，则会有相关峰产生，我们可以据此来判断身份图像的真伪。1994 年，Javidi 和 Honer 率先提出了基于随机相位编码、联合变换（或匹配滤波）的身份认证方案[73]。在他们的方案中，先利用随机相位编码将秘密身份图像隐藏（二者相乘）之后制作成身份卡，再利用身份卡与随机相位密钥作相关；1997 年，Javidi 等接着提出了一种安全性更高的身份认证方案[74]，相比于前者，不同之处在于身份图像也被编码成相位信息之后再利用随机相位编码；2000 年，Javidi 等发展了一种基于联合变换相关以及随机偏振编码的光学识别技术[75]。在这之后很长一段时间，基于光学联合变换相关以及匹配滤波相关识别的身份认证技术都仅限于上述方案，很大的一个原因在于开发一种新的光学相关算法是困难的。这一期间 Chang 等于 2006 年报道了一种非对称图像的联合变换相关识别方法[76]，此外，我们将光学相关识别与其他编码方法结合，提出了基于干涉编码级联匹配滤波的身份认证技术[77]，同时识别了图像的内容以及相关性。

1.3.4　光学信息安全中的其他技术

除了以上介绍的几种基于双随机相位编码技术的信息安全技术外，还有一些基于光学理论的信息安全技术也相继被提出。例如，Peng 等提出了基于虚拟光学的图像加密技术[78-81]以及非对称光学加密系统[82,83]；Han 等提出了利用液晶对光的偏振方向的改变来实现光学图像加密的技术[84-86]；Zhao 等提出了基于 R、G、B 三个通道的彩色图像加密方法[87-89]；Kim 等利用非线性光学联合变换相关器提取秘密图像的方法，提出了一种多图像隐藏方案[90,91]；翟宏琛等提出了基于相息图的图像加密和隐藏方法[92-94]；王玉荣等提出了基于二元傅里叶变换计算全息的光学图像加密技术[95]；郭永康等提出了一种基于计算全息图的加密方法[96,97]等。

1.3.5　光学信息安全技术中存在的问题

以双随机相位编码技术为代表的光学信息安全技术经过了十几年的发展，产生了许多图像加密和信息隐藏方法，为信息安全领域的研究注入了新的活力。然而，该技术仍有一些问题需要解决：

（1）目前大多数光学信息安全系统都属于线性系统，以线性系统进行加密，明文、密钥、密文之间的依赖关系非常简单，这为加密系统留下了很大的隐患。例如，目前许多针对双随机相位编码系统的攻击技术大都是基于该系统这一线性性质的攻击。因此，增加系统的非线性，增强系统抗攻击能力的坚固性是一个亟待解决的问题。

（2）现有的大多数光学信息安全技术都属于对称密码体制，其密钥的管理、分配和传输是应用过程中必须解决的问题。并且由于光学信息安全系统大都采用相位板作为密钥，其密钥量非常庞大，也使原本繁杂的密钥管理、分配和传输任务雪上加霜。

（3）目前光学信息隐藏技术的研究还比较初步，大多数技术的隐藏方法极为简单，一旦被攻击者检测到隐秘载体，秘密信息便很容易被提取、修改、删除或破坏；另外，已有的光学信息隐藏技术隐蔽了信息的存在，很少有光学技术涉及确保信息真实性方面的研究。

（4）基于信息光学理论的安全认证技术已有相当长的发展历史，但是它的识别手段主要基于采集图像的相关运算，认证方法比较单一。另外，与电子信息处理技术相比，基于光学方法的安全认证技术很难对采集的生物图像进行特征提取、分析和识别。目前，大多数安全认证技术都是光电方法的结合，利用光波采集信息，通过数字电子信息系统（或计算机）进行识别和认证。

1.4　本书研究目的及章节安排

近年来，光学信息处理技术在图像加密、信息隐藏等信息安全领域取得了一系列的研究进展。光学信息处理技术凭借其高并行性、高处理速度与多加密维度等独特优势，与图像处理、信息安全技术相结合成为一个崭新的交叉领域，引起了国内外很多研究者的浓厚兴趣，并且已经成为信息光学领域的一个研究热点[15,16]。但是，目前对光学信息安全技术的研究尚处于初步探索的阶段，还有许多关键问题和技术亟待解决。因此，广泛研究并逐步解决这些问题，继续开发和完善已有的光学信息安全技术，具有重要的学术价值和现实意义。

本书旨在对国内外光学信息安全技术深入调研和分析的基础上，针对光学信息安全技术中存在的问题，结合传统的信息安全方法，介绍新的、可抵抗各种攻击的、更具实际可操作性的光学信息安全技术和系统。本书的主要研究内容及其章节安排如下。

第1章，阐述了信息安全的研究背景和意义，介绍了现代密码学和信息隐藏的基本概念；针对国内外基于信息光学理论的图像加密和信息隐藏技术的典型方案进行了综述，分析了光学信息安全系统的优势及存在的问题，并概述了本书的研究目的及章节安排。

第 2 章，以基尔霍夫衍射公式为基础，介绍了光学标量衍射的基本原理，主要包括两种典型的衍射：菲涅耳衍射和夫琅禾费衍射；随后系统地阐述了透镜的傅里叶变换性质、光学相干理论，以及热光和散斑场的相关概念。

第 3 章，介绍了以透镜实现傅里叶变换的理论为基础的双随机相位编码技术，并对其加密特性、系统特性以及鲁棒性能等作了详细分析，并给出了大量的数值模拟结果以验证其特性。

第 4 章，在 Kerckhoff 假设的前提下系统地介绍了四种典型的针对双随机相位编码系统的攻击方法。随后分析了基于频域振幅调制的双随机相位编码改进方法，指出在系统的频域作随机振幅调制，虽然可以有效抵抗已知的明文攻击，但对于选择明文攻击仍然很脆弱；最后我们对基于菲涅耳域的双随机相位编码及其选择明文攻击技术作了简要的介绍。

第 5 章，针对第四章中介绍的攻击技术，首先概述了一种可成功抵御 δ 函数攻击双随机相位编码技术的改进方法，随后提出了一种针对菲涅耳域双随机相位编码技术的改进方案。该方案采用通过菲涅耳域光场的强度信息可重建输入图像方法来解密，使得解密密钥仅为加密密钥中的部分密钥，因此除解密密钥外的加密密钥可随意更换，这样可以成功抵御选择明文攻击，增强了系统的安全性；另外，在菲涅耳域中引入振幅调制模板，增强了解密结果对入射光波长和衍射距离的敏感性，并以数值模拟实验验证了以菲涅耳域中的振幅调制模板、入射光波长和衍射距离作为密钥可以保证信息安全的结论。

第 6 章，针对双随机相位编码技术属对称密码体制、其密钥需单独传输的缺点，提出了利用 RSA 公钥密码体制管理和传输双随机相位编码技术中的相位板密钥的方法。该方法将两种密码体制（公钥密码体制和单钥密码体制）有效地结合在一起，既在保证安全的前提下实现了双随机相位编码技术密钥和密文的同时传输，又弥补了 RSA 公钥密码体制在图像加密方面表现出的扩散和混淆性能不足的缺陷，两者起到了优势互补的作用；此外，考虑到 RSA 公钥密码算法运算速度较慢的缺点，以及双随机相位编码技术密钥量大的特点，分析了利用混沌系统生产密钥的方法，提出将第五章提出的改进系统中的振幅调制模板用一混沌序列来代替，可以极大地压缩密钥量，为密钥的传输、管理和分配带来便利。

第 7 章，首先介绍了基于双随机相位编码技术的信息隐藏技术，提出了借助图像复原技术提取秘密信息的方法，并以数值模拟实验验证了提取方法的可行性；然后，回顾了实虚部空域叠加的双随机相位编码信息隐藏方法，并针对其缺点，提出了一种基于双随机相位编码技术和 RSA 公钥密码体制的信息隐藏方法，该方法同样是这两种加密技术的有效结合，起到了优势互补的作用，而且利用该方法的解密图像更加清晰，密钥的传输也更加隐蔽；另外，我们也分析了所提出方法的安全性，并对其坚固性进行了模拟验证，结果显示融合图像在存在加性噪声、被剪切掉部分信息、经 JPEG 压缩和滤波等情况下仍能提取隐藏信息，恢复秘密图像。

第 8 章，提出了一种基于统计假设检验的信息隐藏检测方法，利用自然图像在较低位平面的不同区域中各像素之间存在一定相关性的特点，对位平面中的像素划分区域，并建立检测统计变量，通过统计学中的 t 检验对所有统计变量进行计算，从而判断图像中是否含有秘密信息。统计方法的运用，使该方法具有较高的可信度；最后，针对双随机相位编码的信息隐藏技术，通过对大量图像进行数值模拟实验，验证了该算法在判断被检测图像中隐藏信息是否存在或可疑时的有效性。

第 9 章，基于光学干涉原理和改进的纯相位相关器设计了一种光学认证系统。在该系统中，认证密钥可以通过更换预定义复图像的振幅产生，这一技术将为多用户的应用带来便利。当匹配的密钥置于认证系统时，既可以获得一幅有意义的图像，又可以产生尖锐的相关峰。只有当二者同时生成，才认为拥有密钥的用户是合法的，因此该系统具有较高的安全性。基于光学多维度的特点，探讨了一种多模态的生物识别系统。该系统将光学加密技术与多模态生物识别技术相结合，将一对多的匹配变为一对一的匹配，极大地节省了匹配时间，提高了识别效率。

第 10 章，介绍了基于随机相位调制的关联成像的相关知识和技术，包括纠缠光关联成像和热光关联成像；然后，对关联成像中用到的压缩感知算法进行了详细介绍，包括信号的稀疏表示、观测矩阵的设置，以及重建算法和步骤等。

第 11 章，分析了基于计算关联成像加密技术的基本原理，发现该加密系统输入与输出呈线性关系，因此该技术难以抵抗选择明文攻击。进而提出了三种针对该加密系统的攻击方案，并通过数值仿真验证了该方案的可行性。在这三种攻击方案中尽管需要选取大量明文，但是也说明基于计算关联成像的加密技术是存在安全隐患的。另外，针对所提出的三种选择明文攻击技术，从理论上提出了基于可逆矩阵调制的安全增强方法。提出了一种简单便捷的光学多用户加密方案，该方案采用两级加密：基于计算关联成像和正交矩阵调制的加密。计算关联成像技术将秘密图像加密为一个强度向量，而不是复数矩阵，这减少了密文的数据量，也为后续处理带来了方便。另外，正交矩阵用来进一步调制由计算关联成像系统探测的加密数据，起到二次加密的效果。基于计算关联成像提出了一种多图像加密方案。该方案中，每一束相干光经一系列随机相位板调制后，用来照射秘密图像，所有透射光经单像素探测器探测，所有包含秘密图像的光强信息汇集为一个数据，形成密文。任何一幅秘密图像都可以从密文中独立地提取出来，尽管解密图像中含有一定噪声，但多图像之间并没有相互混叠和串扰。每束光中作为密钥的相位板是相互独立的，多光束之间也无相互干涉和影响。这将为多用户应用（尤其是在多幅图像需要分发给多个合法用户时）带来方便，因为这样设置可以有效避免合法用户之间的相互提取。

第 2 章　光学随机相位编码技术的物理光学基础

随机相位编码技术是在空域或频域，借助一定的光学变换，扰乱输入光场的波前分布，以此来实现物体成像、信息检测、信息处理等技术。光波的标量衍射理论是随机相位编码技术的物理光学基础。为此本章首先简要介绍本书涉及的光波衍射理论，主要包括菲涅耳衍射和夫琅禾费衍射；然后分析透镜的傅里叶变换性质；最后介绍光学相干理论以及基于随机相位调制的强度关联成像的统计光学基础。

2.1　惠更斯–菲涅耳原理和基尔霍夫衍射公式

1690 年，惠更斯为了说明波在空间各点传播的机理，提出了一种假设[98,99]：波面上的每一点都可以看作是一个发出球面子波的次级扰动的新波源，在随后任一个时刻，这些子波的包络面就是新的波前。因为波面的法线方向就是光的传播方向，所以应用惠更斯原理可以确定光波从一个时刻到另一个时刻的传播。

菲涅耳考虑到惠更斯子波来自同一光源，认为它们应该是相干的，则波前外任一点的光振动都可以看作是该波前上所有点发出的子波在该点相干叠加的结果。这样用"子波相干叠加"思想补充的惠更斯原理叫做惠更斯-菲涅耳原理[98-100]，它能够很好地解释光的衍射现象，其数学表达式为：

$$U(Q) = c \iint\limits_{\Sigma} U_0(P) K(\theta) \frac{\exp(ikr)}{r} d\sigma \tag{2.1}$$

式中，Σ 为光波的一个波面；$U_0(P)$ 为波面上任一点 P 的复振幅，如图 2.1 所示；$U(Q)$ 为光场中任一观察点 Q 的复振幅；r 为 P 和 Q 两点间的距离，即 $\vec{r} = \overrightarrow{PQ}$；$\theta$ 为 $\overrightarrow{PQ}$ 与 P 点面元的法线 n 的夹角；$K(\theta)$ 为倾斜因子，表示 P 点处的子波对 Q 点处光场的贡献与角度 θ 有关；c 为常数。

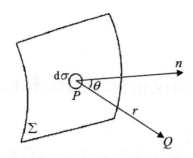

图 2.1　波面 Σ 在 Q 点产生的复振幅

利用惠更斯-菲涅耳原理对一些简单形状孔径的衍射现象进行计算时，可以得到符合实际的结果，但是该理论中的倾斜因子 $K(\theta)$ 的引入，缺乏严格的理论依据，也没有确定倾斜因子 $K(\theta)$ 和常数 c 的具体函数形式，因此惠更斯-菲涅耳原理本身是不严格的。基尔霍夫从波动微分方程出发，利用场论中的格林定理及电磁场的边值条件，为惠更斯-菲涅耳原理找到了较为完善的数学表达式[98]：

$$U(Q)=\frac{1}{i\lambda}\iint\limits_{\Sigma}\frac{a_0\exp(ikr_0)}{r_0}\left[\frac{\cos(n,r)-\cos(n,r_0)}{2}\right]\frac{\exp(ikr)}{r}\mathrm{d}\sigma \qquad （2.2）$$

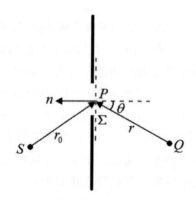

图 2.2　球面波在孔径 Σ 上的衍射

此式称为基尔霍夫衍射公式。它表示在单色点光源 S（如图 2.2 所示）发出的球面波照射下，平面孔径 Σ 后方光场中任意一点 Q 的复振幅。

式中，r 和 r_0 分别为 S 和 Q 到 P 的距离；(n,r) 和 (n,r_0) 分别为孔径面 Σ 的法线与 r 和 r_0 方向的夹角。由于孔径平面上的复振幅分布是由球面波产生的，因此可用 $U_0(P)=(a_0/r_0)\exp(ikr_0)$ 表示，将其代入式（2.2）可得：

$$U(Q)=\frac{1}{i\lambda}\iint\limits_{\Sigma}U_0(P)K(\theta)\frac{\exp(ikr)}{r}\mathrm{d}\sigma \qquad （2.3）$$

其中：

$$K(\theta) = \frac{\cos(n,r) - \cos(n,r_0)}{2} \tag{2.4}$$

这样，式（2.3）与式（2.1）表达的意义相同。

基尔霍夫衍射公式可以推广到更普通的孔径照明的情况，但是，直接应用基尔霍夫公式来计算衍射问题时，由于被积函数的形式比较复杂，所以即使对于很简单的衍射问题也不易以解析形式求出积分。因此，具有实际意义的是对这一普遍理论作某些近似。根据近似程度的不同，可以分为菲涅耳衍射和夫琅禾费衍射[98-101]。

2.2 菲涅耳衍射

如图 2.3 所示，以 (x_0, y_0) 和 (x, y) 分别表示孔径上任一点 P 和观察屏上考察点 Q 的坐标，因而两点间的距离 r 可以表示为：

$$r = \sqrt{z^2 + (x - x_0)^2 + (y - y_0)^2} = z\left(1 + \left(\frac{x - x_0}{z}\right)^2 + \left(\frac{y - y_0}{z}\right)^2\right)^{\frac{1}{2}} \tag{2.5}$$

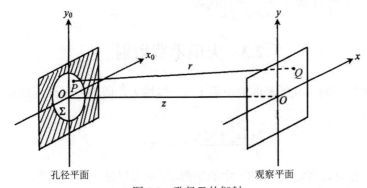

图 2.3　孔径 Σ 的衍射

式中，z 为孔径平面和观察屏平面的距离。

对式（2.5）作二项式展开，得到：

$$r = z\left\{1 + \frac{1}{2}\left[\frac{(x - x_0)^2 + (y - y_0)^2}{z^2}\right] - \frac{1}{8}\left[\frac{(x - x_0)^2 + (y - y_0)^2}{z^2}\right]^2 + \cdots\right\} \tag{2.6}$$

当 z 足够大以至于式（2.6）第三项以后的各项引起的相位差远小于 π 时，即有：

$$z^3 \gg \frac{1}{4\lambda}\left[(x - x_0)^2 + (y - y_0)^2\right]^2_{\max} \tag{2.7}$$

第三项及其以后的各项便可忽略，这样 r 可以近似表示为：

$$r \approx z \left\{ 1 + \frac{1}{2} \left[\frac{(x-x_0)^2 + (y-y_0)^2}{z^2} \right] \right\} = z + \frac{x^2+y^2}{2z} - \frac{xx_0+yy_0}{z} + \frac{x_0^2+y_0^2}{2z} \quad (2.8)$$

这一近似称为菲涅耳近似[98-101]。

在菲涅耳近似下，Q 处的光场可以表示为：

$$U(x,y) = \frac{\exp(ikz)}{i\lambda z} \iint_{\Sigma} U_0(x_0,y_0) \exp\left[ik\frac{(x-x_0)^2+(y-y_0)^2}{2z} \right] \mathrm{d}x_0 \mathrm{d}y_0 \quad (2.9)$$

式（2.9）积分域是 Σ，由于在 Σ 之外，复振幅 $U_0(x_0,y_0)=0$，所以式（2.9）也可以写成对整个 x_0y_0 平面的积分：

$$U(x,y) = \frac{\exp(ikz)}{i\lambda z} \int_{-\infty}^{+\infty}\int_{-\infty}^{+\infty} U_0(x_0,y_0) \exp\left[ik\frac{(x-x_0)^2+(y-y_0)^2}{2z} \right] \mathrm{d}x_0 \mathrm{d}y_0$$

$$= \frac{\exp(ikz)}{i\lambda z} \exp\left[\frac{ik}{2z}(x^2+y^2) \right] \times \int_{-\infty}^{+\infty}\int_{-\infty}^{+\infty} U_0(x_0,y_0) \exp\left[\frac{ik}{2z}(x_0^2+y_0^2) \right] \quad (2.10)$$

$$\exp\left[-i2\pi\left(\frac{xx_0+yy_0}{\lambda z} \right) \right] \mathrm{d}x_0 \mathrm{d}y_0$$

2.3 夫琅禾费衍射

如果观察平面与孔径平面的距离 z 进一步增大，即除菲涅耳近似外还应满足更强的近似：

$$\frac{2\pi}{\lambda} \frac{(x_0^2+y_0^2)_{\max}}{2z} \ll \pi \quad (2.11)$$

这样，便可以忽略式（2.8）中的第四项，r 可以进一步近似为：

$$r \approx z + \frac{x^2+y^2}{2z} - \frac{xx_0+yy_0}{z} \quad (2.12)$$

这一近似称为夫琅禾费近似，在这一近似成立的区域观察到的衍射现象称为夫琅禾费衍射[98-101]。在这种近似下，Q 点的光场可以表示为：

$$U(x,y) = \frac{\exp(ikz)}{i\lambda z} \exp\left(ik\frac{x^2+y^2}{2z} \right) \iint_{\Sigma} U_0(x_0,y_0) \exp\left[-i\frac{2\pi}{\lambda z}(x_0 x+y_0 y) \right] \mathrm{d}x_0 \mathrm{d}y_0$$

$$(2.13)$$

由于在 Σ 之外，复振幅 $U_0(x_0,y_0)=0$，所以式（2.13）也可以写成对整个 x_0y_0 平面的积分：

$$U(x,y) = \frac{\exp(ikz)}{i\lambda z}\exp\left(ik\frac{x^2+y^2}{2z}\right)\int_{-\infty}^{+\infty}\int_{-\infty}^{+\infty}U_0(x_0,y_0)\exp\left[-i\frac{2\pi}{\lambda z}(x_0x+y_0y)\right]\mathrm{d}x_0\mathrm{d}y_0$$

(2.14)

由式（2.14）可以看出，远场衍射即夫琅禾费衍射，具有傅里叶变换的特性。傅里叶分析方法是信号处理领域最基本也是最重要的分析手段之一，利用光学器件来实现傅里叶变换，是光学信息处理的基础，具有重要意义。

2.4　透镜的傅里叶变换性质

要在近距离观察夫琅禾费衍射，可以采用透镜把衍射光会聚，在其后焦面上观察衍射屏的夫琅禾费衍射图样[99]。也就是说，利用透镜可以实现傅里叶变换，或者说，透镜具有傅里叶变换的性质。透镜是光学系统中最基本的元件，正是由于透镜在一定条件下可以实现傅里叶变换，才使傅里叶分析方法在光学中得到如此广泛的应用。下面将描述以透镜实现傅里叶变换的几种不同光路，在下面几种情形中都采用单色平面波垂直照射透镜。

设正透镜焦距为 f，由单色平面波垂直照射。正透镜对光波具有相位变换作用，如果考虑透镜孔径大小，其变换因子可以写作[99]：

$$t(x,y) = P(x,y)\exp\left[-i\frac{k}{2f}(x^2+y^2)\right]$$

(2.15)

其中：

$$P(x,y) = \begin{cases} 1, & \text{透镜孔径内} \\ 0, & \text{其他} \end{cases}$$

(2.16)

（1）衍射屏紧靠透镜。首先分析衍射屏靠近透镜放置的情况，如图 2.4 所示。假设光波透过衍射屏后的场分布为 $U_0(x_0,y_0)$，则透过透镜后的场分布为：

$$U_1(x_0,y_0) = U_0(x_0,y_0)t(x_0,y_0) = U_0(x_0,y_0)\exp\left[-i\frac{k}{2f}(x_0^2+y_0^2)\right]$$

(2.17)

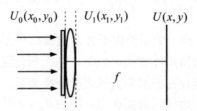

图 2.4　衍射屏紧靠透镜的傅里叶变换光路

为了求取透镜后焦面上的复振幅分布 $U(x,y)$，由菲涅耳衍射公式，令其中的

$z = f$ 得:

$$U(x,y) = \frac{1}{i\lambda f}\exp\left(ik\frac{x^2+y^2}{2f}\right)\int_{-\infty}^{+\infty}\int_{-\infty}^{+\infty}U_0(x_0,y_0)\exp\left(-i2\pi\frac{xx_0+yy_0}{\lambda f}\right)\mathrm{d}x_0\mathrm{d}y_0$$

$$= \frac{1}{i\lambda f}\exp\left(ik\frac{x^2+y^2}{2f}\right)FT\{U_0(x_0,y_0)\}_{u=\frac{x}{\lambda f},v=\frac{y}{\lambda f}} \tag{2.18}$$

式中，FT 为傅里叶变换；u 和 v 为空间频率。

式（2.18）表明，除了一个相位因子外，透镜后焦面上的复振幅分布是衍射屏平面上复振幅分布的傅里叶变换。

（2）衍射屏置于透镜前一定距离处。下面讨论更一般的光路，如图2.5所示，衍射屏放置在透镜前距离为 d_0 处，由单色平面波垂直照射。在这种情况下，为了得到透镜后焦面上的光场分布 $U(x,y)$，只要知道了紧贴透镜之前的平面上的光场分布 $U_1(x_1,y_1)$，然后代入上面导出的式（2.18）即可。由于衍射屏平面与透镜前平面光场分布的频谱之间的变化，只是引入了一个与频率有关的相位因子 $\exp\left[-i\pi\lambda d_0(u^2+v^2)\right]$，那么两个平面上光场分布之间的关系可以表示为:

$$FT\{U_1(x_1,y_1)\} = FT\{U_0(x_0,y_0)\}\exp\left[-i\pi\lambda d_0(u^2+v^2)\right] \tag{2.19}$$

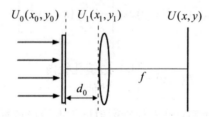

图 2.5　衍射屏置于透镜前一定距离的傅里叶变换光路

把式（2.19）代入式（2.18），得到透镜后焦面上的光场分布为:

$$U(x,y) = \frac{1}{i\lambda f}\exp\left[\frac{ik}{2f}\left(1-\frac{d_0}{f}\right)(x^2+y^2)\right]FT\{U_0(x_0,y_0)\}_{u=\frac{x}{\lambda f},v=\frac{y}{\lambda f}} \tag{2.20}$$

式（2.20）表明，除一个相位因子外，透镜后焦面上的复振幅分布仍然是衍射屏平面复振幅分布的傅里叶变换。但是，由于相位因子的存在，衍射屏平面和后焦面复振幅分布之间存在不准确的傅里叶变换关系。

如果把衍射屏置于透镜的前焦面上，即当 $d_0 = f$ 时，有:

$$U(x,y) = \frac{1}{i\lambda f}FT\{U_0(x_0,y_0)\}_{u=\frac{x}{\lambda f},v=\frac{y}{\lambda f}} \tag{2.21}$$

因此，在这种情况下，衍射屏平面与后焦面复振幅分布之间便存在准确的傅里叶变换关系。

（3）衍射屏置于透镜后一定距离处。如图 2.6 所示为衍射屏放置在透镜后方一定距离时的光路图，衍射屏与透镜之间的距离为 d_0。沿着单色平面波的传播方向逐面计算，最后得到透镜后焦面上的光场分布为：

$$U(x,y) = \frac{f}{\lambda(f-d_0)^2} \exp\left[i\frac{k}{2(f-d_0)}(x^2+y^2)\right] FT\{U_0(x_0,y_0)\}_{u=\frac{x}{\lambda f}, v=\frac{y}{\lambda f}} \quad (2.22)$$

由式（2.22）可以看出，除一相位因子外，透镜后焦面上的光场分布仍然是衍射屏平面光场分布的傅里叶变换。当 $d_0 = 0$ 时，由式（2.22）也可以得出式（2.18），即衍射屏从两面紧靠透镜放置是等价的。

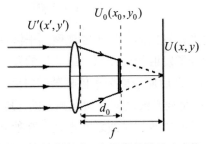

图 2.6　衍射屏置于透镜后一定距离的傅里叶变换光路

2.5　光学相干理论

光的干涉现象是指两个或多个光波在某区域叠加时，在叠加区域内出现的各点强度稳定的强弱分布现象。当两个偏振、频率都相同的单色光波叠加时将会产生干涉现象。最早的干涉实验就是杨氏双缝干涉实验，把一个点光源（一支燃烧的蜡烛）放在一个开有两条狭缝的挡板前面，在挡板后面放置一个观察屏，在观察屏上能够看到一个个明暗相间的亮条纹。但是实际光波不是理想的单色光波，为了让它们产生干涉现象，必须通过一定的装置调整使其满足相干条件。

如图 2.7 所示，S_1 和 S_2 为遮光板上面两个并排的小孔，遮光板后面放置一个观察屏。如果在两个小孔前面只放置一个很小的准单色光源（如钠灯）照明，就能在观察屏上观察到从两个小孔发散出的光产生了亮暗干涉条纹；如果在两个小孔前面放置一个很小的日光灯照明，在观察屏上观察到的是一些彩色干涉条纹；如果对两个小孔分别使用两个相同波色的准单色光源照明，无论如何也观察不到光强的明暗变化。上述实验说明：两个独立的、彼此没有关联的普通光源发出的光波不会发生干涉；只有当两个光波来自同一个光源，才可能发生干涉。

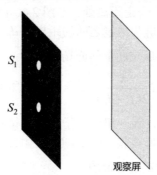

图 2.7　双孔干涉示意图

为什么两个普通光源发出的光波不能观察到干涉现象呢？这是由于实际光源发光是由大量原子或分子发射的，而原子或分子的发光过程是间歇的，每次发光的持续时间约为 10^{-9}s，之后原子或分子停顿若干时间后，再发射出另一列光波。原子、分子发射的前后两列光波之间是相互独立的，其位相与偏振没有任何关系，而且不同原子、分子发射的两列光波之间也是相互独立的。因此，两个发光原子同时发出的波列所形成的干涉图样只能存在极短的时间，之后由于位相差发生变化，干涉图样也随之变化，在普通的观察和测量时间内干涉图样发生了多次更迭，因此无法观察到干涉图样的存在。

根据波动光学的叠加原理，假设两个光波的振动方向相同并且频率相同，则它们在叠加区域内的某一点的强度可以表示为：

$$I = A_1^2 + A_2^2 + 2A_1A_2\cos\delta \tag{2.23}$$

式中，A_1、A_2 分别为两个光波的振幅；δ 为它们的位相差。在观察时间 T 内，实际观察到的强度是两个光波作用于该点的平均强度，可以表示为：

$$I = \frac{1}{T}\int_0^T I\mathrm{d}t = A_1^2 + A_2^2 + 2A_1A_2\frac{1}{T}\int_0^T\cos\delta\mathrm{d}t \tag{2.24}$$

如果在时间 T 内各时刻到达的波列的位相差 δ 发生多次无规则的变化，那么上式第三项的积分式近似为 0，此时在该点的平均光强为一常量，即两个叠加光波的强度之和。如果在时间 T 内各时刻到达的波列的位相差 δ 保持固定不变，则有：

$$\frac{1}{T}\int_0^T\cos\delta\mathrm{d}t = \cos\delta \tag{2.25}$$

此时，在该点的平均强度取决于两列光波的位相差 δ。由于在叠加区域内不同的点有不同的位相差，因此在不同位置的点的光场平均强度不同，也就产生了干涉现象。

因此，产生干涉的条件即相干条件为：具有相同的振动方向、频率，并且两个叠加光波的位相差固定不变。光的相干理论可以大体分为空间相干性与时间相干性两类来讨论。

2.5.1 空间相干性

事实上，光源并不是一个理想的点光源，而是具有一定尺寸的扩展光源。考虑扩展光源 $S'S''$ 照射在与之相距为 l 的平面的情况，在这个扩展光源照射下的双缝干涉实验如图 2.8 所示。

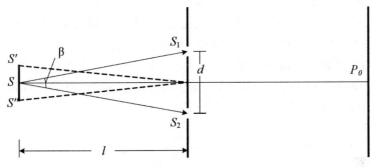

图 2.8   扩展光源的双缝干涉示意图

如果通过面上 S_1 和 S_2 两点的光在观察屏上叠加时能够发生干涉，则称通过空间这两点的光具有空间相干性。当对比度下降到 0 时，光源的宽度就称为临界宽度，根据几何光学可以计算出临界宽度 b_c 的表达式为：

$$b_c = \frac{\lambda l}{d} \tag{2.26}$$

式中，λ 为光波的中心波长；l 为光源到双缝的距离；d 为双缝之间的距离；其中，d/l 又被称为干涉孔径。当光源宽度刚好等于临界宽度时，通过 S_1 和 S_2 两点的光不发生干涉，通过这两点的光没有空间相干性，这时 S_1 和 S_2 之间的距离称为横向相干长度，用 d_t 表示，显然 $d_t = \lambda l/d$。

前面讨论的是单色光源，而真实光源不可能是一个理想的单色光源，必定包含一定的光谱宽度 $\Delta \lambda$，与光源宽度的影响类似，光谱宽度的每一个波长分量的干涉条纹都存在着位移，所有干涉条纹叠加起来使得观察到的条纹对比度下降。对于光谱宽度为 $\Delta \lambda$ 的光源，能产生干涉条纹的最大光程差称为相干长度，记为 l_c，满足：

$$l_c = \frac{\lambda^2}{\Delta\lambda} \qquad (2.27)$$

2.5.2 时间相干性

我们把光经历相干长度的路径所需要的时间称为相干时间。由同一个光源在相干时间 Δt 内、不同时刻发出的光，经过不同的路径传播到达干涉场将会发生干涉，这种相干特性称为时间相干性。相干时间 Δt 取决于光波的光谱宽度，根据定义可以求出相干时间为：

$$\Delta t = \frac{l_c}{c} = \frac{\lambda^2}{c\Delta\lambda} = \frac{1}{\Delta v} \qquad (2.28)$$

式中，c 为光速；Δv 为光的频谱宽度。

由此，对于一个激光光源，其频谱宽度越大，相干时间越短，光的相干性越好。

从定义来看，时间相干性与空间相干性密不可分，空间两点的相干性取决于相干时间与光波到达这两点的时间差的大小。以一个点光源波阵面上不同点的相干性为例，如图 2.9 所示，在同一波阵面上的点 S_1 和 S_2 的相干性是横向空间相干性，而 S_2 和 S_3 的相干性是纵向空间相干性。

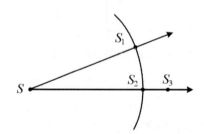

图 2.9 空间不同点的相干性

同样地，在关联光学理论中，光还存在着空间关联性与时间关联性，关联性与相干性之间有一定的关系，但并不相同，光的空间关联性与时间关联性共同构成了关联成像技术的理论基础，在下面章节中会继续介绍。

2.6 热光与散斑场

微观的发光机制有自发辐射与受激辐射两种。自发辐射是指在处于激发态的原子中，电子在激发态能级上只停留一段很短的时间，就自发跃迁到较低能级中去，同时辐射出一个光子。各原子的自发辐射过程是完全随机的，因此自发辐射光均为非相干光。受激辐射是指位于高能级上的粒子在受到某种光子的激发时，从较高能级跃迁到较低能级，并辐射出与激发它的光子具有相同能量的光，在某种状态下，能使弱光激发出强光，这也是激光原理。

经典光源可以分成两大类：热光源与激光源。这两种光源所产生出的光的统计特性很不相同[102]。直接利用发光机制产生的光源称为初级光源，如激光器、白炽灯等。而利用光的反射、散射等原理对初级光源产生的光束进行调制所获得的光源称为次级光源，如用旋转毛玻璃打乱激光空间位相分布的散斑场等。

利用受激辐射发光机制发射出的振动方向一致且在同一波阵面的位相一致的准单色光波称为激光。与热光相比，激光更为有序，具有更好的相干性，也更接近于一个理想的单色波。凭借其优越的相干特性以及准直性，激光技术的应用十分广泛：激光焊接、激光切割、激光打孔（包括斜孔、异孔、膏药打孔、水松纸打孔、钢板打孔、包装印刷打孔等）、激光淬火、激光热处理、激光打标、玻璃内雕、激光微调、激光光刻、激光制膜、激光薄膜加工、激光封装、激光修复电路、激光布线技术、激光清洗等。

利用自发辐射发光机制产生的光波称为热光。热光源中的大量原子与分子都在独立地、随机地通过自发辐射发出光子，由各个基元辐射体所发射波列的位相关系随机变化。热光主要具备两大特性：一是热光场的随机涨落十分剧烈；二是热光场服从高斯统计，这是中心极限定理的直接结论。热光场中任一个时空点上的光场振动是由各个基元辐射体在该点处振动矢量叠加而成，各个基元辐射体的发光过程具有随机性与独立性，并且数量十分庞大；而在不同时空点上的光场振动服从联合高斯分布，热光场是一个高斯过程。

电磁波或粒子束经介质的无规则散射后，都会形成一种无规律分布的散射场，称为散斑。经典热光关联光学成像中最常使用的光源是一种基于旋转毛玻璃制备的散斑场。

由于毛玻璃表面凹凸不平，当其表面高低起伏呈随机特性且标准差大于入射光波长时，近似等效于对入射光作了一次随机相位调制，出射光波相位近似在 $[-\pi, \pi]$ 均匀分布。此外，出射平面上光波的复振幅在各点上是相互独立的。满足上述条件的散斑又称为正态散斑[102]，正态散斑的概率密度函数满足负指数分布：

$$P(I(x,y)) = \frac{1}{\langle I \rangle} e^{-\frac{I(x,y)}{\langle I \rangle}} \tag{2.29}$$

当毛玻璃转动时，任一点出射光的相位、振幅均随着时间发生不规则变化，并且不同空间点上相位、振幅之间相互统计独立。这种随时间随机变化的散斑场与热光场具有相似的特性，因而被称为赝热光。由于真热光的相干时间通常十分短，在现有的探测装置的灵敏度水平下无法观察到真热光的光谱变化，而赝热光也具备类似真热光的统计特性并且相干时间可调，因此人们经常用赝热光代替热光场进行关联光学成像实验。

2.7　本章小结

以惠更斯-菲涅耳原理和基尔霍夫衍射理论为基础，介绍了本书用到的光学标量衍射的基本原理，主要包括两种典型的衍射：菲涅耳衍射（近场衍射）和夫琅禾费衍射（远场衍射）；随后系统阐述了透镜的傅里叶变换性质，也正是由于透镜在一定条件下可以实现傅里叶变换，才使傅里叶分析方法在光学中得到如此广泛的应用；然后介绍了光学相干理论，包括空间相干性和时间相干性；以及基于随机相位调制的强度关联成像的统计光学基础，即热光和散斑场的相关概念。光学波动理论描述了光场传播特性，是推演光学成像过程中衍射谱强度分布的基础；光学相干理论是关联光学成像的理论基石，光场的空间相干性决定了关联光学成像的横向分辨能力，而时间相干性则决定了关联光学成像的纵向分辨能力；热光与散斑场是经典机制下关联光学成像系统普遍采用的光源。

第 3 章 光学双随机相位编码技术

作为一种典型的随机相位编码技术,双随机相位编码在图像加密、信息隐藏、安全认证等方面已吸引了众多科研人员的关注,近几年也得到了快速的发展,并由此开启了许多有关光学信息安全研究的新领域,成为当前光学信息处理领域的一个研究热点。

3.1 双随机相位编码技术的基本原理

1995 年,美国康涅狄格大学的 Refregier 和 Javidi 提出了双随机相位编码技术[17]。该技术采用 $4f$ 光学信息处理系统实现,如图 3.1 所示。将两个统计无关的随机相位板分别放置在 $4f$ 系统的输入平面和频谱平面上,当平行光照射该系统时,随机相位板分别在空域和频域对输入图像 $f(x,y)$ 作随机相位调制,使之成为具有空间平移不变特性的平稳白噪声形式的加密图像 $g(x,y)$[17,18],从而完成对输入图像 $f(x,y)$ 的加密。

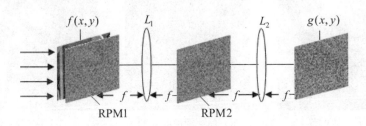

图 3.1 双随机相位编码技术的光学系统

在加密过程中,两个随机相位板起到了加密密钥的作用。若以 (x,y) 和 (u,v) 分别表示空间域和频域坐标,则两个随机相位板 RPM1 和 RPM2 可以分别表示为:

$$\theta(x,y) = \exp\left[i2\pi\theta_0(x,y)\right] \tag{3.1}$$

和

$$\varphi(u,v) = \exp\left[i2\pi\varphi_0(u,v)\right] \tag{3.2}$$

式中, $\theta_0(x,y)$ 和 $\varphi_0(u,v)$ 分别为空间域和频域的随机相位函数,它们以均匀概率在[0,1]区间上取值,可对输入光产生 $0\sim2\pi$ 的随机相位延迟。

由光路的可逆性可知，解密是加密的逆过程。即平行光从如图 2.7 所示的加密系统的输出平面入射，两个随机相位板分别换为它们的复共轭，在输入平面上即可得到原输入图像 $f(x,y)$。由此，我们可以看出，两个随机相位板的复共轭在解密过程中起到了解密密钥的作用。

双随机相位编码的加密和解密过程分别表示为[17]：

$$g(x,y) = FT^{-1}\left\{ FT\left[f(x,y) \cdot \theta(x,y) \right] \cdot \varphi(u,v) \right\} \tag{3.3}$$

$$f(x,y) = FT^{-1}\left\{ FT\left\{ g(x,y) \right\} \cdot \varphi^*(u,v) \right\} \cdot \theta^*(x,y) \tag{3.4}$$

式中，FT、FT^{-1} 分别为正、逆傅里叶变换；*表示共轭。加密图像 $g(x,y)$ 通常为复图像。

由式（3.4）可知，如果输入图像 $f(x,y)$ 为实图像，解密时只需要频谱面上的随机相位板的复共轭作为解密密钥，在输入平面上直接通过 CCD 探测即可得到 $f(x,y)$；如果输入图像 $f(x,y)$ 为复函数，则必须要两个随机相位板的复共轭作为解密密钥，缺一不可。

下面我们对双随机相位编码技术进行数值模拟，输入图像采用 256×256 像素、256 灰度级的 Lena 图像，如图 3.2（a）所示。由于输入图像经双随机相位编码后的加密图像为复图像，因此（b）只给出了加密图像的实部，（c）为解密图像。

（a）原始图像　　　　　（b）加密图像的实部　　　　　（c）解密图像

图 3.2　数值模拟结果

3.2　加密图像的统计特性

本节将介绍一下双随机相位编码技术中加密图像的统计特性[17,52]。为了方便，我们将双随机相位编码技术的加密过程的数学表达式（3.3）用其卷积形式表示，即有：

$$g(x,y) = \left\{ f(x,y)\theta(x,y) \right\} * \psi(x,y) \tag{3.5}$$

其中，$\psi(x,y) = FT^{-1}\{\varphi(u,v)\}$，*表示卷积运算。上式的离散形式可以表示为：

$$g(x,y) = \sum_{\eta=0}^{N-1}\sum_{\xi=0}^{M-1} f(\eta,\xi)\theta(\eta,\xi)\psi(x-\eta,y-\xi) \tag{3.6}$$

首先，我们来计算加密图像 $g(x,y)$ 中像素平均值的数学期望，即：

$$E\left\{\frac{1}{MN}\sum_{m=0}^{M-1}\sum_{n=0}^{N-1} g(m,n)\right\} = E\left\{\frac{1}{MN}\sum_{m=0}^{M-1}\sum_{n=0}^{N-1}\sum_{\eta=0}^{N-1}\sum_{\xi=0}^{M-1} f(\eta,\xi)\theta(\eta,\xi)\psi(m-\eta,n-\xi)\right\} \tag{3.7}$$

式中，$E\{\}$ 为数学期望。由于函数 f、θ 和 ψ 三者之间是互不相关的，并且 θ 和 ψ 的均值为 0，所以式（3.7）可变为：

$$E\left\{\frac{1}{MN}\sum_{m=0}^{M-1}\sum_{n=0}^{N-1} g(m,n)\right\} = E\left\{\frac{1}{MN}\sum_{\eta=0}^{N-1}\sum_{\xi=0}^{M-1} f(\eta,\xi)\right\}$$

$$E\left\{\frac{1}{MN}\sum_{\eta=0}^{N-1}\sum_{\xi=0}^{M-1}\theta(\eta,\xi)\right\} E\left\{\frac{1}{MN}\sum_{m=0}^{M-1}\sum_{n=0}^{N-1}\sum_{\eta=0}^{N-1}\sum_{\xi=0}^{M-1}\psi(m-\eta,n-\xi)\right\} = 0 \tag{3.8}$$

即加密图像 $g(x,y)$ 中各像素的平均值为 0。

然后，我们计算加密图像 $g(x,y)$ 的自相关函数：

$$E\left[g^*(x,y)g(x+\alpha,y+\beta)\right] = \sum_{\eta=0}^{N-1}\sum_{\xi=0}^{M-1}\sum_{\lambda=0}^{N-1}\sum_{\gamma=0}^{M-1} f^*(\eta,\xi)f(\lambda,\gamma)$$

$$\times E\left\{\exp\left[i2\pi(\theta_0(\lambda,\gamma)-\theta_0(\eta,\xi))\right]\psi^*(x-\eta,y-\xi)\psi(x+\alpha-\lambda,y+\beta-\gamma)\right\} \tag{3.9}$$

式中，α、β 为空间域 x、y 方向的偏移量。由于两个相位板 $\theta_0(x,y)$ 和 $\varphi_0(u,v)$ 是相互独立的，并且其值均匀分布在[0,1]之间，因此：

$$E\left\{\exp\left[i2\pi(\theta_0(\lambda,\gamma)-\theta_0(\eta,\xi))\right]\psi^*(x-\eta,y-\xi)\psi(x+\alpha-\lambda,y+\beta-\gamma)\right\}$$

$$= E_\theta\left\{\exp\left[i2\pi(\theta_0(\lambda,\gamma)-\theta_0(\eta,\xi))\right]\right\} E_\varphi\left\{\psi^*(x-\eta,y-\xi)\psi(x+\alpha-\lambda,y+\beta-\gamma)\right\}$$

$$= E_\varphi\left\{\psi^*(x-\eta,y-\xi)\psi(x+\alpha-\lambda,y+\beta-\gamma)\right\}\delta(\eta-\lambda,\xi-\gamma) \tag{3.10}$$

式中，$E_\theta\{\}$ 和 $E_\varphi\{\}$ 分别为 $\theta_0(x,y)$ 和 $\varphi_0(u,v)$ 的数学期望。利用离散傅里叶变换的定义式：

$$E_\varphi\left\{\psi^*(x-\eta,y-\xi)\psi(x+\alpha-\lambda,y+\beta-\gamma)\right\}$$

$$= \frac{1}{M^2N^2}\sum_{s=0}^{N-1}\sum_{t=0}^{M-1}\sum_{s_1=0}^{N-1}\sum_{t_1=0}^{M-1} E\left\{\exp\left[i2\pi(\varphi_0(s_1,t_1)-\varphi_0(s,t))\right]\right\}$$

$$\times \exp\left[i2\pi(s_1(x+\alpha-\lambda)-s(x-\eta))\right]\exp\left[i2\pi(s_1(y+\beta-\gamma)-s(y-\xi))\right]$$

$$= \frac{1}{M^2N^2}\sum_{s=0}^{N-1}\sum_{t=0}^{M-1}\exp\left[i2\pi(s\alpha+t\beta)\right] = \frac{1}{MN}\delta(\alpha,\beta) \tag{3.11}$$

将式（3.10）和式（3.11）代入式（3.9）得：

$$E\left[g^*(x,y)g(x+\alpha,y+\beta)\right]=\frac{1}{MN}\left[\sum_{\eta=0}^{N-1}\sum_{\xi=0}^{M-1}\left|f(\eta,\xi)\right|^2\right]\delta(\alpha,\beta) \tag{3.12}$$

式（3.12）表明，通过双随机相位编码技术得到的加密图像为高斯白噪声[17,52]，其均值为0，方差为：

$$\sigma^{2^*}=\frac{1}{MN}\left[\sum_{\eta=0}^{N-1}\sum_{\xi=0}^{M-1}\left|f(\eta,\xi)\right|^2\right] \tag{3.13}$$

3.3　加密系统分析

实现由函数 $f(x,y)$ 到函数 $g(x,y)$ 的变换过程在数学上称为系统。我们定义双随机相位编码系统的加密变换由算符 $\Re\{\}$ 来表示。设存在两幅输入图像 $f_1(x,y)$ 和 $f_2(x,y)$，分别经双随机相位编码系统变换为加密图像 $g_1(x,y)$ 和 $g_2(x,y)$，根据式（3.3），该变换过程可以表示为：

$$g_1(x,y)=\Re\{f_1(x,y)\}=FT^{-1}\left\{FT\left[f_1(x,y)\cdot\theta(x,y)\right]\cdot\varphi(u,v)\right\} \tag{3.14}$$

$$g_2(x,y)=\Re\{f_2(x,y)\}=FT^{-1}\left\{FT\left[f_2(x,y)\cdot\theta(x,y)\right]\cdot\varphi(u,v)\right\} \tag{3.15}$$

根据傅里叶变换的性质[98]，若以两幅图像 $f_1(x,y)$ 和 $f_2(x,y)$ 之和作为输入图像，该图像经双随机相位编码系统的变换可以表示为：

$$\begin{aligned}\Re\{f_1(x,y)+f_2(x,y)\}&=FT^{-1}\left\{FT\left\{\left[f_1(x,y)+f_2(x,y)\right]\theta(x,y)\right\}\varphi(u,v)\right\}\\&=FT^{-1}\left\{FT\left\{f_1(x,y)\theta(x,y)\right\}\varphi(u,v)\right\}\\&\quad+FT^{-1}\left\{FT\left\{f_2(x,y)\theta(x,y)\right\}\varphi(u,v)\right\}\\&=g_1(x,y)+g_2(x,y)\end{aligned} \tag{3.16}$$

式（3.16）表明，两幅图像之和经过系统的变换结果为两图像分别单独经过该系统的变换结果之和。在数学上认为满足这种关系的系统具有叠加性。又若以任一常数 a 与任一图像 $f(x,y)$ 的乘积作为输入图像，该图像经双随机相位编码系统的变换结果可以表示为：

$$\begin{aligned}\Re\{af(x,y)\}&=FT^{-1}\left\{FT\left\{af(x,y)\theta(x,y)\right\}\varphi(u,v)\right\}\\&=aFT^{-1}\left\{FT\left\{f(x,y)\theta(x,y)\right\}\varphi(u,v)\right\}\\&=ag(x,y)\end{aligned} \tag{3.17}$$

即称满足式（3.17）的系统具有均匀性。如果一个系统既具有叠加性又具有均匀性，则该系统称为线性系统[88]。

也就是说，双随机相位编码系统为线性系统。线性系统实现的输入-输出变换关系简单，双随机相位编码系统这一简单的变换关系为该系统带来了很多安全隐患，许多针对双随机相位编码系统的攻击技术都是基于该系统这一线性性质的攻击[103-111]。而且，针对线性系统的缺陷和现有的攻击技术，对双随机相位编码系统进行改进，增强系统的抗攻击能力，提高其安全性，也是目前光学信息安全领域中的研究热点之一[112-115]。

3.4 扩散和混淆机制

早在 1949 年，在 Shannon 发表的题为《保密系统的通信理论》（Communication theory of secrecy system）的论文中建议采用扩散和混淆等方法设计密码技术[116]，近代各种成功的分组密码（如 DES、AES、SMS4 等）都在一定程度上采用和体现了 Shannon 的设计思想[3-6]，提高了密码体制的安全性。

所谓扩散，是将明文中的每一位信息通过系统和密钥的调制，扩散到尽可能多的密文中[3-6]。当然，理想的情况是明文中的每一位都影响密文中的每一位，换句话说，密文中的每一位都是明文每一位的函数，我们称此种情况达到"完备性"。所谓混淆，是使密文和密钥之间的关系复杂化。密文和密钥之间的关系越复杂，密文和明文之间、密文和密钥之间的统计相关性就越小，从而使针对密码系统的统计分析很难奏效。

通过前面的分析可知，双随机相位编码技术是通过在输入与输出平面之间的两次傅里叶变换实现的。从离散傅里叶变换的表达式可以看出，傅里叶变换是一种全域变换，也就是说，频谱面上的每一个像素都包含着空域中的图像在该频率上的所有信息，反之亦然。根据这个理论，双随机相位编码技术将输入图像（明文）在空域和频域进行两次加密后，明文中的每一个像素的信息都扩散到了密文的所有像素中，或者说密文中的每一个像素都携带了明文中所有像素的信息。所以，双随机相位编码技术达到了密码设计的"完备性"要求，满足了密码设计的扩散原则。正是由于双随机相位编码技术具有如此良好的扩散性能，才使得该技术在抵抗密文信息缺失或被噪声污染等攻击方面，表现出传统密码所没有的独特优势。

另外，双随机相位编码技术的混淆性能是由系统中的随机相位板决定的。随机相位板的加入，使原本输入平面上的点与输出平面上点的一一对应关系遭到破坏，使加密图像的统计特性呈现为随时间平移不变的广义平稳白噪声形式，从而增强了抵抗统计分析的能力。

3.5　鲁棒性能分析

3.5.1　加密图像数值偏差对解密图像的影响

在密文的传输过程中不可避免地受到噪声、信息丢失、敌手攻击等各方面的影响，使其产生一定的数值偏差。假设图像 $g'(x,y)$ 是在密文 $g(x,y)$ 的基础上发生了数值偏差的加密图像，这样，数值偏差 $\Delta g(x,y) = g'(x,y) - g(x,y)$ 有多种类型[117]。

（1）加性数值偏差。引入数值偏差后的密文可以表示为 $g'(x,y) = g(x,y) + n(x,y)$ ，$n(x,y)$ 为与密文毫不相关、具有任意概率分布的随机变量，此时，数值偏差 $\Delta g(x,y) = n(x,y)$ 。

（2）振幅乘性的数值偏差。即 $g'(x,y) = g(x,y)\big[1 + n(x,y)\big]$ ，此时，数值偏差 $\Delta g(x,y) = g(x,y)n(x,y)$ 。

（3）相位乘性的数值偏差。即 $g'(x,y) = g(x,y)\exp\big[i2\pi n(x,y)\big]$ ，此时，数值偏差 $\Delta g(x,y) = g(x,y)\big[\exp(i2\pi n(x,y)) - 1\big]$ 。

由于双随机相位编码系统为线性系统，其解密运算也满足线性定理，即：

$$f'(x,y) = \Re^{-1}\{g'(x,y)\} = \Re^{-1}\{g(x,y)\} + \Re^{-1}\{\Delta g(x,y)\} = f(x,y) + \Delta f(x,y) \quad (3.18)$$

式中，$\Re^{-1}\{\}$ 为解密运算算符；$\Delta f(x,y)$ 表示解密图像与原输入图像 $f(x,y)$ 的数值偏差，它是由数值偏差转换来的。

由于双随机相位编码技术的加密和解密运算都满足幺正性[117]，即图像在加密和解密前后"能量"保持不变。由此不难看出解密噪声的"能量"与数值偏差的"能量"也是相等的，即：

$$\big\|\Delta f(x,y)\big\|^2 = \big\|\Delta g(x,y)\big\|^2 \quad (3.19)$$

3.5.2　仅取部分信息对加密图像的还原

（1）仅取实部或虚部。由于利用双随机相位编码技术得到的加密图像 $g(x,y)$ 是复图像，因此可以表示为：

$$g(x,y) = g_R(x,y) + jg_I(x,y) \quad (3.20)$$

式中，g_R、g_I 分别为加密图像的实部和虚部。

在解密过程中，如果仅取加密图像的实部或虚部作为密文进行解密运算，这相当于在加密图像 $g(x,y)$ 的基础上发生了数值偏差 $\Delta g(x,y)$ ，因此解密结果应是带有噪声的原始图像。显然，仅取实部相当于 $\Delta g(x,y) = -jg_I(x,y)$ ，而仅取虚部

相当于 $\Delta g(x,y) = -g_R(x,y)$。

（2）仅取振幅或相位。其次，加密图像 $g(x,y)$ 还可以表示为振幅和相位乘积的形式，如下所示：

$$g(x,y) = g_A(x,y)g_\psi(x,y) \qquad (3.21)$$

式中，$g_A(x,y)$、$g_\psi(x,y)$ 分别为加密图像的振幅部分和相位部分，它们具有如下关系：

$$g_A(x,y) = |g(x,y)|, \quad g_\psi(x,y) = \frac{g(x,y)}{g_A(x,y)} \qquad (3.22)$$

仅取振幅部分相当于：

$$\Delta g(x,y) = |g(x,y)| - g(x,y) \qquad (3.23)$$

而仅取相位部分相当于：

$$\Delta g(x,y) = \left[\frac{1}{|g(x,y)|} - 1\right] \cdot g(x,y) \qquad (3.24)$$

为了客观评价图像的解密效果，我们引入峰值信噪比（PSNR）来评价解密图像的质量，PSNR 定义为：

$$PSNR = -10 \times \lg \left\{ \frac{\sum_{m=1}^{M}\sum_{n=1}^{N}[g'(m,n) - g(m,n)]^2}{(2^k - 1)^2 M \times N} \right\} \qquad (3.25)$$

式中，$g(m,n)$ 为原始图像；$g'(m,n)$ 为解密图像；$M \times N$ 为图像尺寸；k 为表示图像中每个像素灰度值所用的比特数，对于灰度图像 k 通常为 8，即 256 个灰度等级。

如图 3.3 所示，在原始图像分别为灰度图像和二值图像两种情况下，仅用加密图像实部和虚部进行解码运算得到的解密效果图，（a）、（b）为灰度图像，（c）、（d）为二值图像。这四幅图的峰值信噪比依次为 13.15dB、13.23dB、18.93dB、18.94dB。

（a）灰度实部　　　（b）灰度虚部　　　（c）二值实部　　　（d）二值虚部

图 3.3　利用部分数据得到的解密图像

图 3.4（a）、（b）和（c）、（d）分别对应原始图像为灰度图像和二值图像时，仅用加密图像的振幅部分和相位部分进行解码运算得到的解密效果图。这四幅图的峰值信噪比依次为 9.76dB、15.24dB、9.91dB、20.86dB。

（a）灰度振幅　　　　（b）灰度相位　　　　（c）二值振幅　　　　（d）二值相位

图 3.4　利用部分加密图像数据得到的解密图像

可见仅利用加密图像的部分信息仍然可以还原出原始图像，只是解密图像的效果差一些。在这几种方式中，仅用相位部分的解密效果最好，并且原始图像是二值图像时的观看效果要比原始图像是灰度图像时好。

3.5.3　密钥数据偏差对解密图像的影响

1. 密钥横向偏移

在双随机相位编码解密过程中，如果频谱面上的解密相位板 $\varphi^*(u,v)$ 横向或纵向安放位置发生了 r 个像素的偏移，即为 $\varphi^*(u,v-r)$ 或 $\varphi^*(u-r,v)$。因为随机相位板的像素值是统计无关的。当偏移量 $r \geq 1$ 时，偏移的相位板 $\varphi^*(u,v-r)$ 或 $\varphi^*(u-r,v)$ 与原解密相位板 $\varphi^*(u,v)$ 也无任何关联。此时，通过对解密关系式的分析可知[117]，解密结果仍将是均值为 0 的高斯白噪声。因此，双随机相位编码技术无任何容偏能力。只有当 $r = 0$ 时，才能解密出正确的原始图像。这个特性虽然有利于防止攻击者破译该密码体制，但也给合法用户的实际应用带来不便。如何扩大双随机相位编码技术密钥的偏移容许度，既能保证信息的安全，又能使拥有正确解密密钥的合法用户操作方便，是该技术向实用化发展必须解决的问题。B. Wang 等在这方面作了一些有意义的探索和研究，使相位板的容偏能力达到了三个像素[118]。

2. 密钥取值错误

另外，Zhou 等还针对解密密钥取值发生错误时，错误密钥对解密图像的影响作了详细的理论推导[117]，并指出当解密密钥相位函数取值出现错误时，除产生一定的加性随机噪声外，解密图像的幅度将在原始输入图像的基础上发生一定的衰减，衰减程度与出现错误的解密相位板像素数在整个相位板中所占比例有关。

3.5.4 数据偏差对解密图像影响的数值模拟

1. 密文或密钥被剪切

由 3.4 节的分析可知，双随机相位编码技术具有良好的扩散和混淆特性，即密文中的每一个像素都携带了明文所有像素的信息，使得该技术在抵抗剪切攻击时表现出独特的优势。下面我们来验证密文和密钥分别被剪切掉一部分时的解密效果。

如图 3.5 所示分别为加密图像被剪切掉 1/4、3/4、7/8 时的解密图像，其峰值信噪比 PSNR 分别为 16.37dB、13.21dB、9.78dB；密钥（频域中的相位板）被剪切掉 1/4、3/4、7/8 时的解密图像分别如图 3.6 所示，其峰值信噪比 PSNR 分别为 14.35dB、12.56dB、8.91dB。

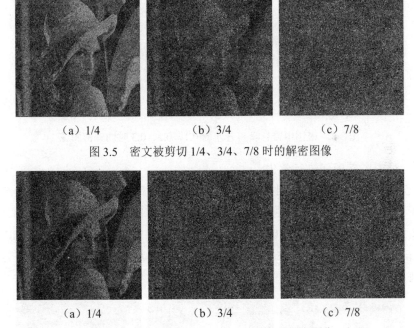

（a）1/4 （b）3/4 （c）7/8

图 3.5 密文被剪切 1/4、3/4、7/8 时的解密图像

（a）1/4 （b）3/4 （c）7/8

图 3.6 密钥被剪切 1/4、3/4、7/8 时的解密图像

2. 密文或密钥中引入加性噪声

在密文和密钥的传输过程中不可避免地受到噪声的影响，这些噪声一般表现为高斯白噪声。实验中，我们对在密文或密钥中加入均值为 0，方差分别为 0.1、0.2、0.3 的高斯白噪声的情况进行数值模拟。其中，密文中引入噪声时的解密图像如图 3.7 所示，其峰值信噪比分别为 29.88dB、23.97dB、20.49dB；密钥中引入噪声时的解密图像如图 3.8 所示，其峰值信噪比分别为 25.21dB、

19.40dB、16.27dB。

　　　　（a）0.1　　　　　　　　（b）0.2　　　　　　　　（c）0.3

图 3.7　密文中带有噪声方差为 0.1、0.2、0.3 时的解密图像

　　　　（a）0.1　　　　　　　　（b）0.2　　　　　　　　（c）0.3

图 3.8　密钥中带有噪声方差为 0.1、0.2、0.3 时的解密图像

3. 对密文或密钥进行量化

　　在密文和密钥通过数字化信道传输之前，必须对其进行量化。如图 3.9 和图 3.10 所示分别给出了密文和密钥被量化为 4、2 和 1 比特时的解密图像。对应的峰值信噪比 PSNR 分别为图 3.9（a）32.51dB、（b）20.57dB、（c）14.70dB 和图 3.10（a）29.23dB、（b）17.59dB、（c）12.82dB。其中，密文被量化是采用密文的实部和虚部分别被量化的方式进行数值模拟的。

　　　　（a）4 bit　　　　　　　（b）2 bit　　　　　　　（c）1 bit

图 3.9　密文被量化为 4 bit、2 bit、1 bit 时的解密图像

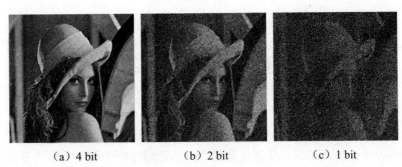

（a）4 bit　　　　　　（b）2 bit　　　　　　（c）1 bit

图 3.10　密钥被量化为 4 bit、2 bit、1 bit 时的解密图像

从上面的数值模拟实验结果可以看出，密钥的灵敏性通常略高于密文的灵敏性，即密钥错误偏差对解密图像的影响通常高于密文错误偏差对解密图像的影响。

3.6　本章小结

本章主要介绍了双随机相位编码技术的基本原理和系统，指出该系统即具有叠加性又具有均匀性。从输入和输出的关系来看，双随机相位编码系统属于线性系统。在双随机相位编码技术中，加密密钥与解密密钥互为共轭，即两者存在简单的对应关系。从加密体制来讲，该系统属于单钥密码体制，即对称密码体制。本章还分析了双随机相位编码技术的加密性能、鲁棒性能、扩散和混淆机制。双随机相位编码技术是通过在输入与输出平面之间的两次傅里叶变换实现的。从离散傅里叶变换的表达式可以看出，傅里叶变换是一种全域变换。频谱面上的每一个像素都包含着空域中的图像在该频率上的所有信息，反之亦然。根据这个理论，双随机相位编码技术将输入图像（明文）在空域和频域进行两次加密后，明文中的每一个像素的信息都扩散到了密文的所有像素中，或者说密文中的每一个像素都携带了明文中所有像素的信息。所以，双随机相位编码技术达到了密码设计的"完备性"要求，满足了密码设计的扩散原则。最后，探讨了密钥和密文偏差存在对解密图像的影响，并通过数值仿真，测试了系统对剪切、加噪、量化等的抵抗能力。

第 4 章　双随机相位编码系统的攻击技术

从密码学的观点看，密码体制包括密码编码学和密码分析学两个方面的内容。密码体制的设计是密码编码学的主要内容，而密码体制的破译是密码分析学的主要内容，密码编码技术和密码分析技术是相互依存、密不可分的两个研究方面。一个密码系统只有经得起各种密码分析攻击，才能算得上是一种安全的密码系统，才能应用于实践。

由 3.3 节的分析可知，双随机相位编码系统从本质上说是一种线性系统。线性系统实现的由输入到输出之间的变换关系较为简单，为系统留下了很大的安全隐患。目前，许多针对双随机相位编码系统的攻击技术，都是基于该系统这一线性性质的攻击。本章首先介绍攻击技术的前提条件（Kerckhoff 假设）以及多种攻击技术的基础算法（相位恢复算法）；然后，系统分析针对双随机相位编码技术的四种典型攻击技术；最后，我们对一种双随机相位编码的改进技术和菲涅耳域双随机相位编码技术的选择明文攻击方法作简要的介绍和分析。

4.1　Kerckhoff 假设及攻击类型

如果我们把加、解密算法和密钥隐藏起来，虽然密码似乎会更安全，但是这种做法在现代密码分析学中是不被采用的。基于 Kerckhoff 原理，总是假定敌手知道加、解密算法，要避免密码被攻击就只能依靠密钥。也就是说，密码体制的安全性是指在敌手知道加、解密算法前提下的安全性。

在 Kerckhoff 假设下，根据密码分析者可以利用的数据资源来分类，可以将密码攻击的类型分为以下 4 种[3-5]：

（1）唯密文攻击（Ciphertext-only Attack）。所谓唯密文攻击是指密码分析者仅根据截获的密文，利用各种手段获取解密密钥和明文的攻击。因为密码分析者所能利用的资源仅为密文，因此这是对密码分析者最不利的情况。

（2）已知明文攻击（Known-plaintext Attack）。所谓已知明文攻击是指密码分析者除了拥有被截获的密文外，还可以利用各种方法和手段得到一些与已知密文相对应的明文，并根据已经知道的这些明文-密文对来破译密码。近代密码学认为，一个密码仅当它能经得起已知明文攻击时才是可取的。

（3）选择明文攻击（Chosen-plaintext Attack）。所谓选择明文攻击是指密码分析者可获得对加密机的访问权限，这样他可以利用他所选择的任何明文，在相同的未知密钥控制下加密，得到相应的密文，即通过攻击者自己设定的明文-密文对来进行密码攻击。这是对密码分析者十分有利的情况。因为密码分析者可以随意选择明文并获得密文，这样他将会特意选择那些最有可能恢复出密钥的明文。

（4）选择密文攻击（Chosen-ciphertext Attack）。所谓选择密文攻击是指密码分析者可获得对解密机的访问权限，这样他可以利用他所选择的任何密文，在同一未知密钥下解密得到相应的明文，即可选定任何密文-明文对来进行攻击，以确定未知密钥。这也是对密码分析者十分有利的情况。

在无任何限制的条件下，目前几乎所有实用的密码体制都是可以破解的。如果一个密码体制不能在一定时间内被可以使用的计算资源破译，那么这一密码体制称为在计算上是安全的。因为任何秘密都有其时效性，因此，人们关心的是要研制出在计算上（而不是在理论上）不可破的密码体制。

4.2　相位恢复算法

作为几种双随机相位编码攻击技术的基本算法，相位恢复算法是由测量到的像面强度分布来恢复物面上相位分布的方法，它是解决逆问题的一类重要技术。而针对双随机相位编码的攻击技术要解决的问题是，如何根据可利用的资源获取系统的相位板密钥，进而获得明文。这样，针对双随机相位编码系统的攻击，可以借助相位恢复算法来完成。目前，已有多种相位恢复算法被提出[38-41]，但是，大多数都是在 GS（Gerchberg-Saxton）算法原理上的改进。因此，在这里我们只介绍最典型的 GS 算法[37]。

GS 算法是由 Gerchberg 和 Saxton 于 1972 年首先提出的[37]。其核心思想是在物平面和频谱平面之间来回迭代，进行傅里叶变换。每次迭代过程中都分别在这两个平面上施加已知的约束限制条件，使之最大限度地恢复物平面上的相位分布。

GS 算法的大致流程图如图 4.1 所示，其中 FT 和 FT^{-1} 分别为傅里叶变换和逆傅里叶变换。从图 4.1 中可以看出，GS 算法的任务是：已知物平面上的振幅分布 $|f|$ 和频谱平面上的振幅分布 $|F'|$，通过两平面间的傅里叶变换循环迭代，恢复物平面上的相位分布 θ。

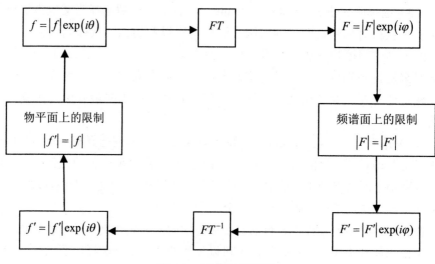

图 4.1　GS 算法流程图

该算法的具体步骤可以概括为：

（1）首先为物平面上的光场赋一初始相位分布 $\theta(x,y)$，使之与已知物平面上光场的振幅分布 $|f(x,y)|$ 构成一复振幅分布 $f(x,y)$，然后对 $f(x,y)$ 作傅里叶变换，得到 $F(u,v)=|F(u,v)|\exp[i\varphi(u,v)]$，其中 (x,y) 和 (u,v) 分别为空间域和频域坐标。

（2）以频谱面上已知的振幅分布 $|F'(u,v)|$ 作为限制条件替换（1）中得到的光场的振幅 $|F(u,v)|$，而相位保持不变，以此构成复振幅 $F'(u,v)$。

（3）对复振幅 $F'(u,v)$ 作逆傅里叶变换，得到光场分布 $f'(x,y)$。

（4）以物平面上已知的振幅分布 $|f(x,y)|$ 作为限制，替换（3）中得到的光场分布 $f'(x,y)$ 的振幅，而相位保持不变，以此得到的新的光场分布作为下一次迭代的输入函数，进行下一次循环迭代，重复以上 4 步。

随着迭代次数的增加，频谱面上得到的振幅分布越来越趋近于原有的限制条件，直到它们之间的差异满足某一评判标准，迭代终止。这样，在物平面上得到的 $\theta(x,y)$ 即为所求相位。

4.3　几种典型的针对双随机相位编码的攻击技术

4.3.1　选择密文攻击

2005 年，Carnicer 等首次提出了一种针对双随机相位编码系统的选择密文攻击方法[103]。他们假定攻击者能够得到一系列特殊设计的密文，其形式为：

$$g_b(x,y) = \frac{1}{2}\Big[\exp(i2\pi f_{x1}x)\exp(i2\pi f_{y1}y) + \exp(i2\pi f_{x2}x)\exp(i2\pi f_{y2}y)\Big] \quad (4.1)$$

将密文 $g_b(x,y)$ 置于解密系统的输入端，经傅里叶变换后得到：

$$G_b(u,v) = \frac{1}{2}\Big[\delta(u-f_{x1}, v-f_{y1}) + \delta(u-f_{x2}, v-f_{y2})\Big] \quad (4.2)$$

然后在频谱面上用相位函数 $N_3(u,v) = \exp\big[-in_3(u,v)\big]$（解密密钥）滤波，再经逆傅里叶变换即为解密系统输出的结果，可以表示为：

$$\begin{aligned}
h_b(x,y) &= FT^{-1}\big\{G_b(u,v)N_3(u,v)\big\} \\
&= \frac{1}{2}\{\exp[-in_3(f_{x1}, f_{y1})]\exp(-i2\pi f_{x1}x)\exp(-i2\pi f_{y1}y) \\
&\quad + \exp[-in_3(f_{x2}, f_{y2})]\exp(-i2\pi f_{x2}x)\exp(-i2\pi f_{y2}y)\}
\end{aligned} \quad (4.3)$$

最后，用 CCD 等探测得到：

$$|h_b(x,y)|^2 = \frac{1}{2} + \frac{1}{2}\cos\Big[2\pi(f_{x1}-f_{x2})x + 2\pi(f_{y1}-f_{y2})y\Big] + n_3(f_{x2}, f_{y2}) - n_3(f_{x1}, f_{y1})$$

$$(4.4)$$

其中，f_{x1}、f_{y1}、f_{x2}、f_{y2} 为已知，由选择密文攻击的定义可知，$|h_b(x,y)|$ 也是已知的，通过不断改变式（4.1）中的函数 $g_b(x,y)$ 并重复上述攻击操作，即可得到随机相位函数密钥中任意两个像素的差值 $n_3(f_{x2}, f_{y2}) - n_3(f_{x1}, f_{y1})$。固定其中一个频率并将其作为参考点（如令 $(f_{x1}, f_{y1}) = (0,0)$），可以计算得出随机相位函数密钥 $N_3(u,v)$ 中的任意点与参考点 $N_3(0,0)$ 的相位差值。不失一般性，可以令 $N_3(0,0)$ 为任意值，此时便可以恢复得到密码系统的解密密钥 $N_3(u,v)$。

4.3.2 选择明文攻击

选择明文攻击的定义指出，攻击者有机会使用加密机，并可以选择一些明文，通过加密机产生密文，进而根据相应明文-密文对的信息破解密码。Peng 等提出了通过设定特殊明文破解双随机相位编码系统的方法[104]，即假定攻击者使用相差 $\delta(x,y)$ 的两幅图像作为双随机相位编码系统的输入图像，其加密图像分别为：

$$g_1(x,y) = FT^{-1}\Big\{FT\big\{[f(x,y)+\delta(x,y)]\theta(x,y)\big\}\varphi(u,v)\Big\} \quad (4.5)$$

$$g_2(x,y) = FT^{-1}\big\{FT[f(x,y)\theta(x,y)]\varphi(u,v)\big\} \quad (4.6)$$

因此，频谱面上的相位分布 $\varphi(u,v)$ 可根据以上两式求得，即：

$$\varphi(u,v) = C\big\{FT[g_1(x,y)] - FT[g_2(x,y)]\big\} \quad (4.7)$$

式中，C 为常数，与相位板在坐标原点处的值有关，该值不影响双随机相位编码技术的解密效果。这样输入平面上的相位分布 $\theta(x,y)$ 也可以很容易经式（4.6）获得。

4.3.3 已知明文攻击

已知明文攻击是指，攻击者拥有一些明文及相应的密文，并以此来破解密码的方法。对于双随机相位编码技术，根据已知明文攻击的条件，攻击者已知的明文和对应的密文分别为式（3.3）中的 $f(x,y)$ 和 $g(x,y)$。根据式（3.3），我们可以得到双随机相位编码系统频谱面上的振幅分布，即：

$$\left|FT\{g(x,y)\}\right| = \left|FT\{f(x,y)\theta(x,y)\}\right| \tag{4.8}$$

由于 $f(x,y)$ 和 $g(x,y)$ 已知，因此，求解输入平面上相位分布 $\theta(x,y)$ 的问题，就变为已知输入函数 $f(x,y)\theta(x,y)$ 在输入平面和频谱平面上的振幅 $f(x,y)$ 和 $\left|FT\{g(x,y)\}\right|$，如何求解输入函数的相位分布 $\theta(x,y)$ 的问题。该问题可以通过相位恢复算法解决。Peng 等借助 HIO 相位恢复算法成功地解决了这一问题[105,106]。在得到输入平面上的相位分布 $\theta(x,y)$ 后，频谱面上的相位分布可以直接通过计算下式求得：

$$\varphi(u,v) = \frac{FT\{g(x,y)\}}{FT\{f(x,y)\theta(x,y)\}} \tag{4.9}$$

4.3.4 唯密文攻击

唯密文攻击是指攻击者仅通过一个或多个密文对密码系统的攻击，它是最弱的一种攻击。一个密码系统若不能抵抗这种攻击，则该系统也就失去了密码应有的效力。

对于双随机相位编码系统，在唯密文攻击的情况下，攻击者仅知道密文，即式（3.3）中的 $g(x,y)$。根据双随机相位编码技术的加密公式（3.3），我们仍然可以得到频谱面上的振幅分布，即 $\left|FT\{g(x,y)\}\right|$。由式（4.8）可以看出，此振幅分布又为输入函数 $f(x,y)\theta(x,y)$ 在其傅里叶域中的振幅分布。因此，寻找输入平面上的相位分布 $\theta(x,y)$ 的问题，又变为已知输入函数在其频域中的振幅分布 $\left|FT\{g(x,y)\}\right|$，如何恢复其在空域中相位分布 $\theta(x,y)$ 的问题。该问题属于单强度相位恢复问题[38]。Peng 等根据信号的自相关函数，利用几何方法估计信号的支撑，进而通过 HIO 相位恢复算法，成功地破解了双随机相位编码技术[107]。

4.4 针对基于频域振幅调制的双随机相位
编码改进方法的攻击

4.4.1 基于频域振幅调制的双随机相位编码改进方法

由 4.3 节的分析可知，双随机相位编码系统在抵抗各种攻击方面表现出极大的脆弱性。为了增强系统的安全性，近来 Cheng 和 Cai 等提出了在双随机相位编码系统的频域巧妙地增加振幅调制模板的改进方案[113]，成功地抵御了已知明文攻击，该方案的光学装置如图 4.2 所示。

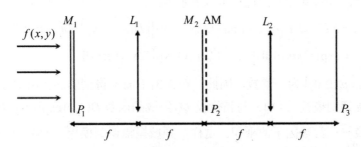

图 4.2　基于频域振幅调制的双随机相位编码改进系统

该方案在传统双随机相位编码系统的频域中增加了一块振幅调制模板（AM），如图 4.2 所示。该模板的像素分布如下所示：

$$D(u,v) = \begin{cases} 1, & if\ (u,v) \in \gamma \\ k, & if\ (u,v) \notin \gamma \end{cases} \quad (4.10)$$

其中，γ 为像素分布的限制条件。这样，若以 (x,y) 和 (u,v) 分别表示空域和频域坐标，待加密图像 $f(x,y)$ 的加密过程可以表示为[113]：

$$g(x,y) = FT^{-1}\left\{ FT\left\{ f(x,y)\exp[i2\pi p_1(x,y)] \right\} D(u,v)\exp[i2\pi p_2(u,v)] \right\} \quad (4.11)$$

式中，$p_1(x,y)$ 和 $p_2(u,v)$ 分别为输入平面和频谱平面上的随机相位函数；$g(x,y)$ 为加密图像。其解密过程为加密的逆过程，即：

$$f'(x,y) = FT^{-1}\left\{ FT\{g(x,y)\} D'(u,v)\exp\left[-i2\pi p_2(u,v)\right] \right\}\exp\left[-i2\pi p_1(x,y)\right] \quad (4.12)$$

式中，$D'(u,v)$ 可以表示为：

$$D'(u,v) = \begin{cases} k, & if\ (u,v) \in \gamma \\ 1, & if\ (u,v) \notin \gamma \end{cases} \quad (4.13)$$

将式（4.13）代入式（4.12）可得：

$$f'(x,y) = kf(x,y) \qquad (4.14)$$

即解密图像与原图像仅差一常数 k，这一常数不影响图像的解密效果。在该系统中除了两个相位板 M_1 和 M_2 外，频域中的振幅调制模板（AM）也作为密钥传输。

4.4.2 改进方法的选择明文攻击

由于频域中振幅调制模板（AM）的加入，使攻击者在不知道该模板的情况下，仅仅通过已知的明文-密文对，很难获得输入图像（明文）在频域中的振幅分布，因此上述改进方法可以成功抵御已知明文攻击[113]。但是该方法在抵抗选择明文攻击方面仍表现出一定的脆弱性，例如，基于 δ 函数的选择明文攻击。若以 δ 函数作为明文，并对其加密的过程可以表示为：

$$\begin{aligned}
g(x,y) &= FT^{-1}\left\{FT\left\{\delta(x,y)\exp\left[i2\pi p_1(x,y)\right]\right\}D(u,v)\exp\left[i2\pi p_2(u,v)\right]\right\} \\
&= \exp\left[i2\pi p_1(0,0)\right]FT^{-1}\left\{D(u,v)\exp\left[i2\pi p_2(u,v)\right]\right\}
\end{aligned} \qquad (4.15)$$

由于 $\exp\left[i2\pi p_1(0,0)\right]$ 为一常数，因此，在输出平面上得到的加密函数 $g(x,y)$，即为频域振幅调制模板（AM）与相位板 M_2 组成的函数 $D(u,v)\exp\left[i2\pi p_2(u,v)\right]$ 的逆傅里叶变换与一常数因子的乘积。这样，频域振幅调制模板（AM）与相位板 M_2 可分别通过下式获得：

$$D(u,v) = amplitude\left\{FT\left\{g(x,y)\right\}\right\} \qquad (4.16)$$

$$2\pi p_2(u,v) = \frac{1}{\exp\left[i2\pi p_1(0,0)\right]}angle\left\{FT\left\{g(u,v)\right\}\right\} \qquad (4.17)$$

式中，$amplitude\{\}$ 和 $angle\{\}$ 分别为取振幅和取辐角运算。进而任取一个输入图像 $f(x,y)$，并获得相应密文 $g(x,y)$，则输入平面的相位板 M_1 就可以通过式（4.18）计算获得：

$$\exp\left[i2\pi p_1(x,y)\right] = FT^{-1}\left\{\frac{FT\left\{g(x,y)\right\}}{D(u,v)\exp\left[i2\pi p_2(u,v)\right]}\right\}\bigg/ f(x,y) \qquad (4.18)$$

这样也就获得了基于频域振幅调制的双随机相位编码改进方法的所有密钥，即成功破译了该系统。因此，仅在双随机相位编码系统的频域作振幅调制，可以成功抵御已知明文攻击，而不能抵抗选择明文攻击。

4.5 针对菲涅耳域双随机相位编码系统的攻击技术

4.5.1 菲涅耳域双随机相位编码系统

2004 年，Situ 等提出了基于菲涅耳变换的双随机相位编码系统[20]，既简化了系统，又增加了密钥量，在一定程度上提高了系统的安全性。其光学装置如图 4.3 所示。

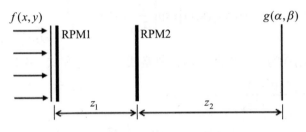

图 4.3　菲涅耳域双随机相位编码系统

系统中的三个平面分别被定义为输入平面、变换平面和输出平面。以 (x, y) 和 (u, v) 表示输入平面和变换平面的坐标，则随机相位板 RPM1 和 RPM2 的相位分布分别为 $\exp[i2\pi p_1(x, y)]$ 和 $\exp[i2\pi p_2(u, v)]$，其中 $p_1(x, y)$ 和 $p_2(u, v)$ 分别为以均匀概率分布在[0,1]之间的随机函数，RPM1 紧贴输入图像 $f(x, y)$ 被放置在系统的输入平面上，而 RPM2 放置在变换平面上。平面与平面间的距离分别为 z_1 和 z_2，它们满足菲涅耳衍射近似。当以波长为 λ 的平面波照射时，在系统的输出平面上得到输入图像的加密图像 $g(x, y)$。

在加密过程中，首先输入图像 $f(x, y)$ 经相位板 RPM1 调制后作距离为 z_1 的菲涅耳衍射，在菲涅耳近似下，变换平面上的复振幅分布 $U(u, v)$ 可以表示为：

$$U(u, v) = \iint_{-\infty}^{+\infty} f(x, y) \exp[i2\pi p_1(x, y)] h(u, v; z_1; \lambda) \mathrm{d}x\mathrm{d}y \qquad (4.19)$$

其中：

$$h(u, v; z_1; \lambda) = \frac{\exp(i2\pi z_1 / \lambda)}{i\lambda z_1} \exp\left\{ \frac{i\pi}{\lambda z_1} \left[(x - u)^2 + (y - v)^2 \right] \right\} \qquad (4.20)$$

为脉冲响应函数。将上式中的二次相位因子展开，代入式（4.19）得到菲涅耳衍射公式，即：

$$U(u,v) = \frac{\exp(i2\pi z_1/\lambda)}{i\lambda z_1}\exp\left[\frac{i\pi}{\lambda z_1}(u^2+v^2)\right]$$
$$\times FT\left\{f(x,y)\exp[i2\pi p_1(x,y)]\exp\left[\frac{i\pi}{\lambda z_1}(x^2+y^2)\right]\right\}_{u=x/\lambda z_1,v=y/\lambda z_1} \tag{4.21}$$

同理，对变换平面上的函数作距离为 z_2 的菲涅耳变换的数学表达式为：

$$g(\alpha,\beta) = \frac{\exp(i2\pi z_2/\lambda)}{i\lambda z_2}\exp\left[\frac{i\pi}{\lambda z_2}(\alpha^2+\beta^2)\right]$$
$$\times FT\left\{U(u,v)\exp[i2\pi p_2(u,v)]\exp\left[\frac{i\pi}{\lambda z_2}(u^2+v^2)\right]\right\}_{\alpha=u/\lambda z_2,\beta=v/\lambda z_2} \tag{4.22}$$

式中，(α,β) 为输出平面坐标。忽略式（4.21）和式（4.22）中的常数因子 $\frac{\exp(i2\pi z_1/\lambda)}{i\lambda z_1}$ 和 $\frac{\exp(i2\pi z_2/\lambda)}{i\lambda z_2}$，并令：

$$A(x,y) = \exp[i2\pi p_1(x,y)]\exp\left[\frac{i\pi}{\lambda z_1}(x^2+y^2)\right] \tag{4.23}$$

$$B(u,v) = \exp\left[\frac{i\pi}{\lambda z_1}(u^2+v^2)\right]\exp[i2\pi p_2(u,v)]\exp\left[\frac{i\pi}{\lambda z_2}(u^2+v^2)\right] \tag{4.24}$$

$$C(\alpha,\beta) = \exp\left[\frac{i\pi}{\lambda z_2}(\alpha^2+\beta^2)\right] \tag{4.25}$$

这样，根据式（4.21）—（4.25）得：

$$g(\alpha,\beta) = C(\alpha,\beta)FT\left\{FT\left\{f(x,y)A(x,y)\right\}B(u,v)\right\} \tag{4.26}$$

由此可以看出，$A(x,y)$、$B(u,v)$ 和 $C(\alpha,\beta)$ 可以看作菲涅耳域双随机相位编码系统的三个密钥，只要获取了这三个因子，也就破解了该加密系统[108,109]。

解密过程中，只需取加密图像 $g(\alpha,\beta)$ 的复共轭 $g^*(\alpha,\beta)$，然后进行距离为 z_2 的菲涅耳衍射，并乘以随机相位板 RPM2，即 $\exp[i2\pi p_2(u,v)]$，得到变换平面上相位板 RPM2 前的光场分布，然后再作一次距离为 z_1 的菲涅耳衍射，得到输入平面上的光场分布 $f(x,y)\exp[i2\pi p_1(x,y)]$。如果输入图像 $f(x,y)$ 为实图像，则直接经 CCD 探测即可获得 $f(x,y)$；如果 $f(x,y)$ 为复图像，则还需要与输入平面上相位板的复共轭 $\exp[-i2\pi p_1(x,y)]$ 相乘来获得输入图像 $f(x,y)$。

4.5.2 攻击技术

菲涅耳域双随机相位编码系统虽然引入了更多的密钥，但是并没有改变系统的线性性质，因此该系统仍然可以采用选择明文攻击的方法来破解[108,109]。

首先，将 $\delta(x-i, y-j)$ 作为明文，当 $i=0$、$j=0$ 时，加密方程式（4.26）变为：

$$g(\alpha, \beta) = A(0,0)C(\alpha,\beta)FT\{B(u,v)\} \qquad (4.27)$$

当 $i \neq 0$、$j \neq 0$ 时，有：

$$g'(\alpha, \beta) = A(i,j)C(\alpha,\beta)FT\{B(u,v)\} \qquad (4.28)$$

由式（4.27）和式（4.28）可得：

$$\tilde{A}(x,y) = \frac{1}{A(0,0)}A(x,y) \qquad (4.29)$$

然后，将 $\tilde{A}(x,y)$ 的复共轭作为明文，加密公式（4.26）变为：

$$
\begin{aligned}
g(\alpha, \beta) &= \frac{1}{A^*(0,0)}C(\alpha,\beta)FT\{FT\{A^*(x,y)A(x,y)\}B(u,v)\} \\
&= \frac{1}{A^*(0,0)}C(\alpha,\beta)FT\{FT\{I(x,y)\}B(u,v)\} \\
&= \frac{1}{A^*(0,0)}C(\alpha,\beta)FT\{\delta(u,v)B(u,v)\} \\
&= \frac{B(0,0)}{A^*(0,0)}C(\alpha,\beta) \qquad (4.30)
\end{aligned}
$$

因此，可以看出上式结果与密钥 $C(\alpha,\beta)$ 仅差一个常数因子，即：

$$\tilde{C}(\alpha,\beta) = \frac{B(0,0)}{A^*(0,0)}C(\alpha,\beta) \qquad (4.31)$$

接下来将前面得到的 $\tilde{A}(x,y)$ 和 $\tilde{C}(\alpha,\beta)$ 代入加密方程式（4.26），可以解得密钥 $B(u,v)$ 的近似值：

$$\tilde{B}(u,v) = \frac{1}{B(0,0)}B(u,v) \qquad (4.32)$$

通过以上分析求得的密钥 $\tilde{A}(x,y)$、$\tilde{B}(u,v)$ 和 $\tilde{C}(\alpha,\beta)$ 与真实密钥 $A(x,y)$、$B(u,v)$ 和 $C(\alpha,\beta)$ 仅相差一个常数因子，该常数因子不影响解密结果。所以，通过选择特殊的明文仍可破解基于菲涅耳域的双随机相位编码系统。

4.6　其他攻击技术

除了以上介绍的针对双随机相位编码系统的攻击技术以外，还有一些其他的攻击方法也被报道。例如，Gopinathan 等利用模拟退火算法提出了一种已知明文攻击方法[110]，该方法只对明文为复数的情况有效；Fraul 等利用求解线性方程组的方法[111]，将满足方程组的解作为密钥，成功破解了此系统；G. Situ 等对基于 POCS 算法和 $4f$ 相关器的加密系统，进行了密码学分析[112]，通过多对已知输入和输出的模，估算出了系统的密钥。

4.7　本章小结

本章在 Kerckhoff 假设的前提下，系统介绍了四种典型的针对双随机相位编码系统的攻击方法，即选择密文攻击、选择明文攻击、已知明文攻击和唯密文攻击。由于已有唯密文攻击方法对双随机相位编码技术进行了成功破解，因此，从一定意义上讲，该技术已经不能起到它应有的加密作用。随后分析了基于频域振幅调制的双随机相位编码改进方法，指出仅在系统的频域作随机振幅调制，虽然可以有效抵抗已知明文攻击，但该方法仍不能抵抗选择明文攻击；最后我们对基于菲涅耳域的双随机相位编码及其选择明文攻击技术作了简要的介绍。

第 5 章　双随机相位编码技术的安全增强方法

通过第 4 章的分析可知，已有多种攻击方法对双随机相位编码系统进行了成功破解，尤其是唯密文攻击方法的提出，使双随机相位编码技术在一定意义上已经不能起到它应有的加密作用。但是，密码体制与密码分析既相互对立，又相互依存。密码分析作为密码体制的对抗技术，也促进了密码体制的深入研究和发展。由于双随机相位编码技术具有许多良好的性能，如快速的并行数据处理能力、良好的扩散性能、多维度、高设计自由度等优势，使其在光学信息安全中占有极其重要的地位。因此，改进双随机相位编码技术，以增强其抗攻击能力，也是一个极有意义的研究方向。

除了第四章介绍的 Cheng 等提出的基于频域振幅调制的双随机相位编码改进方案外，Kumar 等也提出了一种基于透镜相位调制的双随机相位编码改进方案[114,115]，有效抵制了以 δ 函数作为明文的选择明文攻击方法。另外，我们根据在菲涅耳变换中，只需变换域中的单强度信息即可重建复图像的振幅和相位的算法，利用随机序列对菲涅耳变换域中的振幅进行调制，改进了基于菲涅耳变换的双随机相位编码技术。该技术在不增加密钥量的情况下，可有效抵抗 4.5.2 节介绍的选择明文攻击，增强了系统的安全性。下面我们来分别介绍这几种技术。

5.1　基于透镜相位调制的双随机相位编码改进方法

最近，Kumar 等提出了一种针对双随机相位编码技术的改进方法[114,115]，成功抵制了基于 δ 函数的选择明文攻击。该方法是通过在紧贴透镜后增加随机相位函数实现的，如图 5.1 所示。被随机化的透镜相位函数 $\phi_{modified}(x,y)$ 可以表示为：

$$\phi_{modified}(x,y) = \phi_{lens}(x,y)R(x,y) \tag{5.1}$$

式中，$\phi_{lens}(x,y)$ 为傅里叶变换透镜引入的相位函数；$R(x,y)$ 为在透镜后增加的随机相位函数。复振幅分布 $t(x,y)$ 经透镜后的出射光场可以表示为：

$$\psi_m(u,v;f) = \left\{ [t(x,y)*h(x,y;f)][\phi_{modified}(x,y)] \right\} * h(x,y;f) \tag{5.2}$$

式中，$h(x,y;f)$ 为自由空间脉冲响应函数；*表示卷积。

我们不妨称经随机相位调制后的透镜对光场所作的变换为调制傅里叶变换。

以调制傅里叶变换（MFT）代替标准的傅里叶变换后，式（5.2）可以表示为：

$$\psi_m(u,v) = MFT^{LR}\{t(x,y)\} \tag{5.3}$$

式中，$MFT^{LR}\{\}$ 表示调制傅里叶变换运算。这样，如图 5.1 所示的 4f 系统对输入图像 $f(x,y)$ 的加密过程可以表示为：

$$g(x,y) = MFT^{LR_b}\left\{MFT^{LR_a}\left\{f(x,y)R_1(x,y)\right\}R_2(u,v)\right\} \tag{5.4}$$

式中，$R_1(x,y)$ 和 $R_2(u,v)$ 分别为输入平面和频谱平面上的随机相位板。

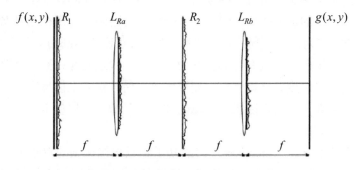

图 5.1　基于透镜相位调制的双随机相位编码改进方案

由于透镜引入的相位函数被随机调制，使得由透镜实现的变换不再是标准的傅里叶变换，所以 δ 函数经透镜后变换为一个随机函数[114,115]，而非全 1 分布。即如果攻击者选取 δ 函数作为明文来攻击上述改进方案，δ 函数经随机调制的 L_{Ra} 后得到一随机复振幅分布（而非全 1 分布），然后与频域中的随机相位板 R_2 相乘，得到的结果再作一次经 L_{Rb} 的调制傅里叶变换，最后获得加密图像 $g(x,y)$。从上面的分析我们可以看出，δ 函数的加密图像 $g(x,y)$ 不再是相位板 R_2 的逆傅里叶变换，因此，通过这种方法攻击者不能获得加密系统的密钥，即该方案对抵制以 δ 函数作为明文的攻击是有效的。

5.2　基于菲涅耳域双随机相位编码技术的改进方法

由 4.5 节的分析可知，基于菲涅耳变换的双随机相位编码技术已不能抵御选择明文攻击，为此，我们利用 Hwang 和 Han 等提出的仅利用菲涅耳变换域中的强度信息便可重建输入平面上对称图像的方法[119]，改进了菲涅耳域双随机相位编码技术。该技术在不增加传输密钥量的前提下，可成功抵御 4.5 节提到的选择明文攻击，增强了系统的安全性。为了便于理解，我们首先介绍 Hwang 和 Han 等提出的单强度图像重建算法[119]，然后给出我们的改进方案。

5.2.1 利用菲涅耳域中的强度信息重建对称图像的方法

为简单起见，我们采用一维形式表示。信号 $f(x)$ 的菲涅耳变换可以表示为：

$$FrT^Z\{f(x)\} = F(u) = \frac{\exp\left(\dfrac{i2\pi z}{\lambda}\right)}{i\lambda z}\int_{-\infty}^{+\infty} f(x)\exp\left[\frac{i\pi}{\lambda z}(x-u)^2\right]\mathrm{d}x \quad\quad (5.5)$$

式中，λ 为光的波长；z 为衍射距离；x 和 u 分别为输入平面和变换平面的坐标；$FrT^Z\{\}$ 为菲涅耳变换。我们的目的是由变换平面上的光强分布 $|F(u)|^2$ 来重建输入平面的信号 $f(x)$，包括其振幅和相位。需要说明的是，本算法只适用于对称信号，因此，我们取对称信号 $f(x)$ 作如下推导。

菲涅耳变换的离散形式可以表示为：

$$DFrT_\lambda\{f(m\delta x)\} = F(n\delta u) = \delta x_O \sum_{m=-N/2}^{N/2-1} \kappa(m,n,z)f(m\delta x) \quad\quad (5.6)$$

其中：

$$\kappa(m,n,z) = \frac{\exp(i2\pi z/\lambda)}{i\lambda z}\exp\left[\frac{i\pi}{\lambda z}(m\delta x - n\delta u)^2\right] \quad\quad (5.7)$$

$$m = -N/2, -N/2+1, \cdots, N/2-1; \quad n = -N/2, -N/2+1, \cdots, N/2-1$$

式中，δx 和 δu 分别为 x 和 u 空间的取样间隔；N 为 $f(x)$ 的取样点数；$\kappa(m,n,z)$ 为离散菲涅耳变换的核。逆菲涅耳变换的离散形式可以表示为：

$$f(m\delta x) = \delta u \sum_{n=-N/2}^{N/2-1} \kappa^*(m,n,z)F(n\delta u) \quad\quad (5.8)$$

式中，$\delta u = \lambda z/(N\delta x)$；$*$ 表示共轭。

为了获得正确的线性相关值，需对输入函数 $f(x)$ 左右以 0 值作延拓，即：

$$f(k) = \begin{cases} 0, & k = -N, \cdots, -N/2-1; \ N/2, \cdots, N-1 \\ f(k), & k = -N/2, \cdots, N/2-1 \end{cases} \quad\quad (5.9)$$

由式（5.6）—（5.9）可得，以离散菲涅耳变换表示的相关运算为：

$$\sum_{m=-N/2}^{N/2-k-1} f^*(m)f(m+k)\exp\left[\frac{i2\pi mk(\delta x)^2}{\lambda z}\right]$$

$$= \frac{\delta u}{\delta x}\exp\left[\frac{i2\pi mk(\delta x)^2}{\lambda z}\right]\sum_{n=-N}^{N-1}|F(n)|^2\exp\left(\frac{i2\pi nk}{2N}\right)$$

$$\quad\quad (5.10)$$

等式右边以 $R(k)$ 表示，即：

$$R(k) = \frac{\delta u}{\delta x} \exp\left[\frac{i2\pi mk(\delta x)^2}{\lambda z}\right] \sum_{n=-N}^{N-1} |F(n)|^2 \exp\left(\frac{i2\pi nk}{2N}\right) \tag{5.11}$$

对本节所要解决的问题来说，$R(k)$ 可以由已知条件计算得到。

如果自相关函数的间隔 $k = N-1$，则有：

$$f^*\left(-\frac{N}{2}\right) f\left(\frac{N}{2}-1\right) = R(N-1) \exp\left[\frac{i\pi N(N-1)(\delta x)^2}{\lambda z}\right] \tag{5.12}$$

如果 $k = N-2$，则有：

$$f^*\left(-\frac{N}{2}\right) f\left(\frac{N}{2}-2\right) \exp\left[-\frac{i\pi N(N-2)(\delta x)^2}{\lambda z}\right]$$

$$+ f^*\left(-\frac{N}{2}+1\right) f\left(\frac{N}{2}-1\right) \exp\left[-\frac{i\pi(N-2)(N-2)(\delta x)^2}{\lambda z}\right] = R(N-2) \tag{5.13}$$

如果 $k = N-m$，$m \geqslant 3$ 时：

$$f^*\left(-\frac{N}{2}\right) f\left(\frac{N}{2}-m\right) \exp\left[-\frac{i\pi N(N-m)(\delta x)^2}{\lambda z}\right] +$$

$$\sum_{j=1}^{m-2} f^*\left(-\frac{N}{2}+j\right) f\left(-\frac{N}{2}-m+j\right) \exp\left[-\frac{i\pi(N-m)(N-2j)(\delta x)^2}{\lambda z}\right] + \tag{5.14}$$

$$f^*\left(-\frac{N}{2}+m-1\right) f\left(\frac{N}{2}-1\right) \exp\left[-\frac{i\pi(N-m)(N-2m+2)(\delta x)^2}{\lambda z}\right]$$

$$= R(N-m)$$

另外，以离散菲涅耳变换表示的复卷积为：

$$\sum_{m=-N/2}^{N/2+k} f^*(m) f(k-m) \exp\left[-\frac{i2\pi mk(\delta x)^2}{\lambda z}\right]$$

$$= \frac{\delta u}{\delta x} \exp\left[\frac{i2\pi mk(\delta x)^2}{\lambda z}\right] \sum_{n=-N}^{N-1} |F(n)|^2 \exp\left(\frac{i2\pi nk}{2N}\right) \tag{5.15}$$

以 $R'(k)$ 表示等式右边的值，即：

$$R'(k) = \frac{\delta u}{\delta x} \exp\left[\frac{i2\pi mk(\delta x)^2}{\lambda z}\right] \sum_{n=-N}^{N-1} |F(n)|^2 \exp\left(\frac{i2\pi nk}{2N}\right) \tag{5.16}$$

式（5.15）中，如果 $k = -N$，则有：

$$f^*\left(-\frac{N}{2}\right) f\left(\frac{N}{2}\right) = R'(-N) \exp\left[-\frac{i\pi(N\delta x)^2}{\lambda z}\right] = \left|f\left(-\frac{N}{2}\right)\right|^2 \tag{5.17}$$

如果 $k = -N+1$，则有：

$$f^*\left(-\frac{N}{2}\right)f\left(-\frac{N}{2}+1\right)\exp\left[\frac{i\pi N(-N+1)(\delta x)^2}{\lambda z}\right]$$

$$+f^*\left(-\frac{N}{2}+1\right)f\left(-\frac{N}{2}\right)\exp\left[\frac{i\pi(N-2)(-N+1)(\delta x)^2}{\lambda z}\right]=R'(-N+1) \tag{5.18}$$

如果 $k=-N+m$ 且 $m\geqslant 2$，则有：

$$f^*\left(-\frac{N}{2}\right)f\left(-\frac{N}{2}+m\right)\exp\left[-\frac{i\pi N(N-m)(\delta x)^2}{\lambda z}\right]+$$

$$\sum_{j=1}^{m-1}f^*\left(-\frac{N}{2}+j\right)f\left(-\frac{N}{2}+m-j\right)\exp\left[-\frac{i\pi(N-m)(N-2j)(\delta x)^2}{\lambda z}\right]+ \tag{5.19}$$

$$f^*\left(-\frac{N}{2}+m\right)f\left(-\frac{N}{2}\right)\exp\left[-\frac{i\pi(N-m)(N-2m)(\delta x)^2}{\lambda z}\right]$$

$$=R'(-N+m)$$

这样，通过式（5.12）和式（5.17）可以分别计算得到 $f^*(-N/2)f(N/2-1)$ 以及 $f^*(-N/2)f(-N/2)$。根据输入信号 $f(x)$ 的对称性，可得：

$$f^*\left(-\frac{N}{2}\right)f\left(-\frac{N}{2}+1\right)=f^*\left(-\frac{N}{2}\right)f\left(\frac{N}{2}-1\right) \tag{5.20}$$

以及

$$f^*\left(-\frac{N}{2}+1\right)f\left(-\frac{N}{2}\right)=\left[f^*\left(-\frac{N}{2}\right)f\left(-\frac{N}{2}+1\right)\right]^* \tag{5.21}$$

而且

$$f^*\left(-\frac{N}{2}+1\right)f\left(-\frac{N}{2}+1\right)=\frac{f^*\left(-\frac{N}{2}\right)f\left(-\frac{N}{2}+1\right)\times f^*\left(-\frac{N}{2}+1\right)f\left(-\frac{N}{2}\right)}{f^*\left(-\frac{N}{2}\right)f\left(-\frac{N}{2}\right)} \tag{5.22}$$

以此递归循环，如图 5.2 所示，直到获得 $f^*(-N/2)f(0)$ 和 $f^*(0)f(N/2-1)$ 为止。

根据式（5.12）：

$$f^*\left(-\frac{N}{2}+1\right)f(0)\times f^*(0)f\left(-\frac{N}{2}-1\right)$$

$$=\left|f(0)\right|^2 R(N-1)\exp\left(\frac{i\pi N(N-1)(\delta x)^2}{\lambda z}\right) \tag{5.23}$$

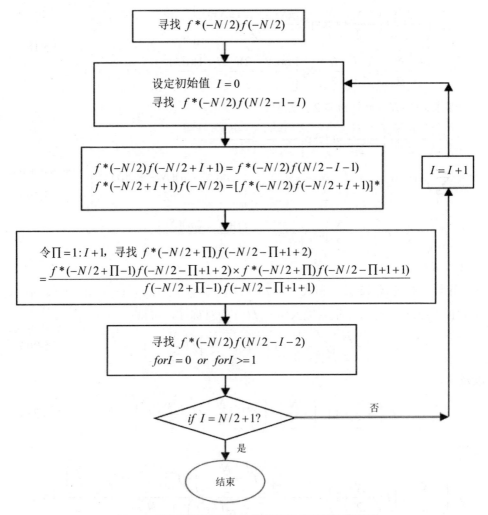

图 5.2　基于菲涅耳变换单强度信号重建算法流程图

这样，采样点 $f(0)$ 的振幅 $|f(0)|$ 可以通过式（5.23）计算得到，对于 $f(0)$ 的相位可以任意赋一初始值，作为其他采样点相位的参考值。需要说明的是，这样恢复出的所有采样点的相位，与原始信号对应点的相位都相差一个常数因子，但是该常数不影响信号的恢复。

接下来，将以上计算得到的含有 $f(0)$ 的项与其相除，然后循环递推即可获得所有的 $\{f(m)\,|\,m=-N/2,\cdots,N/2-1\}$ 。例如：

$$f(-N/2) = \left[f^*(-N/2)f(0)\big/f(0) \right]^*$$

$$f(N/2-1) = f^*(0)f(N/2-1)/f^*(0)$$
$$f(1) = f^*(-N/2)f(1)/f^*(-N/2) \tag{5.24}$$
......

5.2.2 加密过程

改进的 FrDRPE 系统如图 5.3 所示，其中的三个平面分别定义为输入平面、变换平面和输出平面，其坐标分别为 (x, y)、(u, v) 和 (x', y')。由于采用的图像重建方法要求输入平面上的图像为对称图像，包括其振幅和相位，而通常的待加密图像为非对称图像，因此，在加密之前应先对待加密图像作一定的预处理工作，使之成为对称图像。具体方法为：先将 $M \times N$ 大小的待加密图像 $f(x, y)$，扩幅为 $M \times 2N$ 大小的图像 $f'(x, y)$，即按如下规则作镜像变换：

$$f'(m, n) = \begin{cases} f(m, n) & n \leqslant N \\ f(m, 2N-n+1) & n > N \end{cases} \tag{5.25}$$

输入平面上的随机相位函数 $p_1(x, y)$ 也作同样的处理，即：

$$p_1'(m, n) = \begin{cases} p_1(m, n) & n \leqslant N \\ p_1(m, 2N-n+1) & n > N \end{cases} \tag{5.26}$$

$p_1(x, y)$ 为均匀分布在 $[0,1]$ 上的随机序列。这样，输入平面上的相位板 RPM1 即为 $\exp[i2\pi p_1'(x, y)]$。这样，如图 5.3 所示输入函数（包括其振幅和相位）都已变换为镜像对称图像。

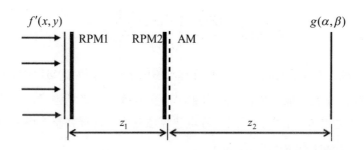

图 5.3   菲涅耳域双随机相位编码技术的改进系统

为了增强系统的安全性，我们在随机相位板 2（RPM2）后紧贴一个随机振幅调制模板（AM），在菲涅耳变换域对光场的振幅作随机调制。RPM2 和 AM 可以分别表示为 $\exp[i2\pi p_2(u, v)]$ 和 $D(u, v)$，这里 $p_2(u, v)$ 和 $D(u, v)$ 均为分布在 $[0,1]$ 之间统计特性无关的平稳白噪声。

当一束波长为 λ 的平行光照射该系统时，输入图像 $f'(x, y)$ 经随机相位板

RPM1 调制后，作距离为 z_1 的菲涅耳衍射，然后，菲涅耳变换域中的光场经随机相位板 RPM2 和振幅模板 AM 调制后，再作一次距离为 z_2 的菲涅耳衍射，最后在输出平面上得到加密图像 $U(u,v)$，其数学表达式可以写为：

$$U(u,v) = FrT^{z_1}\left\{f'(x,y)\exp[i2\pi p_1'(x,y)]\right\} \tag{5.27}$$

然后，$U(u,v)$ 经 RPM2 和 AM 调制后，在系统的输出平面上便可获得加密图像 $g(x',y')$，即有：

$$g(x',y') = FrT^{z_2}\left\{U(u,v)D(u,v)\exp[i2\pi p_2(u,v)]\right\} \tag{5.28}$$

由此可见，在加密过程中，RPM1、RPM2、AM 和附加参数 (z_1,z_2,λ) 起到了加密密钥的作用。

5.2.3　解密过程

依据 5.2.1 节中介绍的图像重建算法，只要获取系统参数 (z_1,λ)，输入图像 $f'(x,y)$ 便可被重建出来。这里 (z_1,λ) 可作为私钥传输给接收者，这样解密问题就变为如何获得菲涅耳变换域中光场的强度信息 $|U(u,v)|^2$。因为光学中不存在逆菲涅耳变换，需要利用加密图像 $g(x',y')$ 的复共轭进行解密，即将加密图像的复共轭 $g^*(x',y')$ 进行菲涅耳变换：

$$V(u,v) = FrT^{z_2}\left\{g^*(x',y')\right\} = U^*(u,v)D(u,v)\exp[-i2\pi p_2(u,v)] \tag{5.29}$$

从式（5.29）便可以获得菲涅耳变换的强度信息 $|U(u,v)|^2$，即：

$$|U(u,v)|^2 = \left|\frac{FrT^{z_2}\left\{g^*(x',y')\right\}}{D(u,v)}\right|^2 \tag{5.30}$$

因为如图 5.3 所示的输入平面上的输入图像 $f'(x,y)$ 和 RPM1 组成的输入函数为对称图像，并且获取的 $|U(u,v)|^2$ 为菲涅耳变换域中的光场强度，因此输入图像 $f'(x,y)$ 可以通过 5.2 节中介绍的信号重建算法获得。这样在整个解密过程中并不需要相位板 RPM1 和 RPM2 的参与。

从整个解密过程可以看出，仅仅振幅调制模板 AM 和系统参数 (z_1,z_2,λ) 起到了解密密钥的作用，即解密密钥仅为部分加密密钥。

5.2.4　密钥的设计方法

根据选择明文攻击的定义[23]，攻击者获得了加密机的使用权限，因此他可以设计一些特定的明文，通过该加密机加密，进而获得密文。这样攻击者即可根据一对或多对明文-密文对的信息，获取该加密机的密钥，从而破解这一加密系统。

在 Peng 等提出的选择明文攻击中[17]，需要大量的明文-密文对来获取加密密钥。该攻击方法的有效性是以所有的明文-密文对都对应于相同的加密密钥为前提的。如果我们能够设计一种加密系统，使之对每个明文都采用不同的密钥进行加密，上述攻击方法便无法奏效。如果加密机每次加密都更换不同的加密密钥，即"一次一密"加密机，则这种加密机是绝对安全的，但是由此引起的巨大的密钥量将为密钥的传输和分发带来极大的不便。

然而幸运的是，从 5.2.3 节中介绍的解密方法可知，解密过程中并不需要相位板 RPM1 和 RPM2 的参与，因此它们不需要传输给接收者。这样，我们就可以设计一种加密系统，使之在对一幅图像加密后，便自动销毁相位板 RPM1 和 RPM2，并为下一幅图像的加密生成新的相位板，即对于不同的明文使用不同的相位板对其进行加密。这样，攻击者便无法获得在同一加密密钥下的多幅明文-密文对，也就无法通过选择明文攻击破译该加密系统。因此，这种加密系统可以有效抵抗选择明文攻击。

为了增强系统的安全性并减少需传输的密钥量，我们采用混沌序列来产生振幅调制模板 AM。混沌序列对初值极为敏感，只要给定序列的初始值，随机序列便可依据公式计算获得。为了简单起见，这里我们采用 Logistic 映射，即：

$$x_{k+1} = \mu(1-x_k), \quad k = 0,1,2\cdots \qquad (5.31)$$

式中，$0 \leqslant \mu \leqslant 4$。

当 $3.5699456 < \mu \leqslant 4$，出现混沌现象。通过 Logistic 映射产生的随机序列对初值极为敏感，这意味着只要初值不同，通过 Logistic 映射产生的振幅调制模板 AM 便是统计无关的。在通信过程中便可通过混沌序列初值的传输代替振幅调制模板 AM 的传输，这样解密密钥仅为四个参数 (x_0, z_1, z_2, λ)，极大地减少了需要传输的密钥量，并为其传输带来了便利。因此，可以很容易设计加密系统，使得每次加密都更换上述四个参数（即解密密钥），这类似于"一次一密"加密系统。即使攻击者选取两个固定不变的相位板进行攻击，因为在每次加密时都要更换这四个参数 (x_0, z_1, z_2, λ)，因此所提出的系统仍是安全的。

最近，Situ 等也提出了一种针对 FrDPRE 系统的攻击技术。在该方法中，仍然需要几对明文-密文对，并结合相位恢复算法进行破译，该方法是有效可行的。但是存在同样的问题，即该方法仍需要对应相同解密密钥的几对明文-密文对信息才能破译。从上面的分析可知，与 Peng 等提出的攻击方法类似，该方法获取多幅对应于相同解密密钥的明文-密文对仍然是相当困难的。因此这种攻击对本章所提出的方法仍然无法奏效。

此外，作为解密密钥的四个参数 (x_0, z_1, z_2, λ) 可通过公钥密码（如 RSA 公钥密码）进行进一步保护，这种方法在之前的章节中已经作了相关的研究[26,27]。

5.3　算法性能

下面通过计算机仿真来验证该方法的可行性。为了衡量改进方法的解密效果，我们采用相关系数（CC）和均方误差（MSE）来衡量解密图像 $f_0(x, y)$ 与原始图像 $f(x, y)$ 偏差的大小。相关系数（CC）和均方误差（MSE）分别被定义为：

$$CC = \frac{COV(f, f_0)}{\sigma_f \sigma_{f_0}} \tag{5.32}$$

$$MSE = \frac{1}{MN} \sum_{m=1}^{M} \sum_{n=1}^{N} |f - f_0|^2 \tag{5.33}$$

式中，σ 为图像的标准差；M 和 N 为图像的行数和列数；$COV(f, f_0)$ 为两幅图像的协方差，并且 $COV(f, f_0) = E\left\{\left[f - E\{f\}\right]\left[f_0 - E\{f_0\}\right]\right\}$；$E\{\}$ 为数学期望。

我们仍取 256×256 大小的 Lena 图像作为待加密图像，对其作镜像映射处理，得到 256×512 大小的对称图像 $f'(x, y)$，如图 5.4（a）所示。入射光的波长取为 632.8nm，衍射距离 $z_1 = 0.5$m，$z_2 = 0.8$m。Logistic 映射的初始值 $x_0 = 0.312$。在此条件下，得到的加密图像如图 5.4（b）所示；仅利用菲涅耳域中的光强分布以及参数 (x_0, z_1, z_2, λ) 进行解密，其解密图像如图 5.4（c）所示，相关系数 CC = 1.00；图 5.4（d）为衍射距离 z_2 发生 0.001m 偏差时的解密图像，相关系数 CC = 0.12；图 5.4（e）为入射光波长 λ 发生 0.003nm 偏差时的解密图像，相关系数 CC = 0.16；而图 5.4（f）为错误的振幅调制模板 AM（$x_0 = 0.313$）下的解密图像。从解密结果可以看出，解密图像对衍射距离、入射波长和混沌序列的初值都极为敏感。因此，以 (x_0, z_1, z_2, λ) 四个参数作为解密密钥在一定程度上可以确保系统的安全。

（a）原始图像　　　　　　　　　　　　　（b）加密图像

图 5.4　改进方法的加解密效果图

（c）解密图像　　　　　　　　　　（d）衍射距离偏差 $\Delta z_2 = 0.001\text{m}$

（e）入射波长偏差 $\Delta\lambda = 0.003\text{nm}$　　（f）错误的振幅调制模板 $x_0 = 0.313$ 时的解密图像

图 5.4　改进方法的加解密效果图（续图）

　　这里由于振幅调制模板的加入，使其对菲涅耳域中光场的振幅进行了随机扰乱，使解密结果对入射波长和衍射距离的偏差极为敏感，增强了系统的安全性。为了说明这个问题，我们分别在加入振幅调制模板和未加振幅调制模板的两种情况下，对衍射距离 z_2 和入射波长 λ 存在偏差对解密图像的影响进行了数值模拟。如图 5.5（a）和（b）所示分别给出了在加入振幅调制模板时，相关系数 CC 随衍射距离偏差 Δz_2 以及入射波长偏差 $\Delta\lambda$ 的变化曲线；如图 5.6（a）和（b）所示分别给出了在未加振幅调制模板时，相关系数 CC 随衍射距离偏差 Δz_2 以及入射波长偏差 $\Delta\lambda$ 的变化曲线。仿真结果确实验证了上述结论，即振幅调制模板的加入，使解密结果对入射波长和衍射距离的偏差极为敏感，同时也提高了系统的安全性。

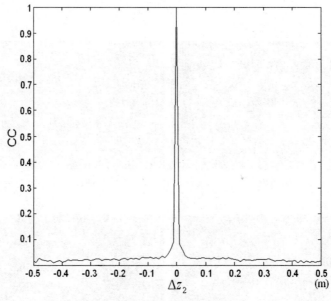

（a）衍射距离偏差与相关系数的关系

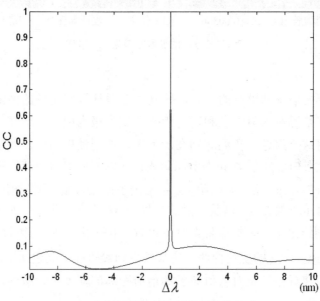

（b）入射波长偏差与相关系数的关系

图 5.5　加入振幅调制模板时

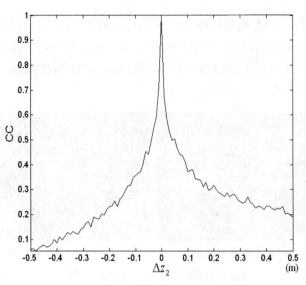

（a）衍射距离偏差与相关系数的关系

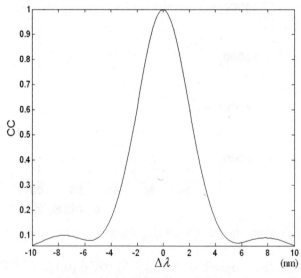

（b）入射波长偏差与相关系数的关系

图 5.6　未加振幅调制模板时

5.4　鲁棒性分析

下面我们对所提出方法的鲁棒性进行验证。如图 5.7（a）和（b）所示分别给出了振幅调制模板 AM 被剪切掉 25%时和对应的解密图像，其均方误差 MSE = 1457。从解密结果可以看出，尽管图像中含有一定的噪声，但是仍能重现完整的原始图像。如图 5.8 所示给出了解密图像的均方误差 MSE 随振幅调制模板 AM 被剪切比例的变化曲线。

 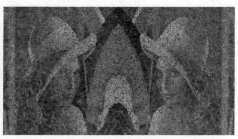

（a）被剪切掉 25%的振幅调制模板 AM　　　　（b）解密图像的 MSE = 1457

图 5.7　振幅调制模板 AM 被剪切掉 25%时的解密效果

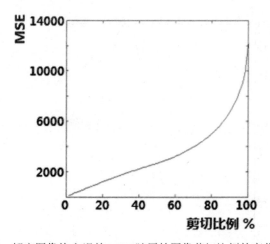

图 5.8　解密图像均方误差 MSE 随原始图像剪切比例的变化曲线

如 5.2.4 节中所述，Logistic 映射可以产生分布在[0,1]之间的随机振幅调制模板。因为解密过程中 AM 将对解密图像的菲涅耳变换进行随机调制，因此加密图像中极小的数值偏差将会导致解密图像的极大恶化，仿真结果也验证了这一点。如图 5.9（a）和（b）所示分别对应于加密图像被剪切掉 4×4 的像素以及加入均值为 0、方差为 0.000001 的高斯白噪声时的解密图像。从解密结果可以看出，解密图像是相当模糊的，甚至很难辨认出原始图像的模样，其均方误差分别为 74380 和 53407。

（a）加密图像被剪切掉 4×4 像素的　　　　（b）加密图像中加入均值为 0、方差为 0.000001
　　　解密图像（MSE = 74380）　　　　　　　的高斯白噪声时的解密图像（MSE = 53407）

图 5.9　加密图像不同处理后的解密效果

从上面的解密过程可以看出，AM 的加入使得改进系统很难抵抗剪切加噪等攻击，这个问题可以通过减少振幅调制模板 AM 的量化等级来解决。下面我们就通过计算机仿真来说明这一问题。这里，振幅调制模板被量化为四个等级，并且其值均匀分布在[1,4]之间。如图 5.10（a）和（b）所示分别给出了加密图像被剪切掉 25%以及加入均值为 0、方差为 0.05 时的解密图像。从解密结果可以看出，尽管解密图像含有一定噪声，但毫无疑问已能从其解密结果中较清晰地识别原始图像。因此，减少 AM 的量化等级确实可以增强系统的鲁棒性。如图 5.11（a）和（b）所示分别给出了解密图像的均方误差 MSE 随加密图像的剪切比例以及高斯白噪声方差的变化曲线。

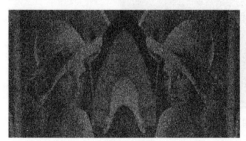 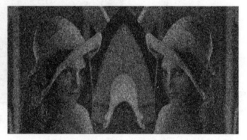

（a）加密图像被剪切掉 25%　　　　　　　（b）加入均值为 0、方差为 0.05 的
　　　　　　　　　　　　　　　　　　　　　高斯白噪声，其均方误差分别为
　　　　　　　　　　　　　　　　　　　　　MSE = 2650 和 MSE = 2636

图 5.10　振幅调制模板被量化为四个等级时的解密图像效果图（解密图像对应于加密图像）

当然，为了增加传输信息的容量，我们也可以将输入平面的相位板 RPM1 用一幅全相位图像替换，使之与实图像 $f'(x, y)$ 组成一幅对称复图像，从而实现两幅实图像的同时加密。我们以 F14 和 F16 分别作为输入图像的振幅和相位，其加密、解密效果分别如图 5.12 所示。

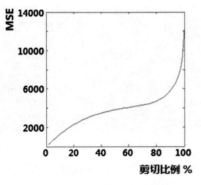 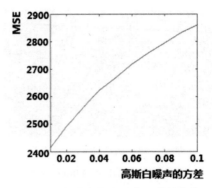

（a）随加密图像剪切比例的变化　　　　　　（b）随高斯白噪声方差的变化

图 5.11　解密图像的均方误差 MSE 的变化曲线

 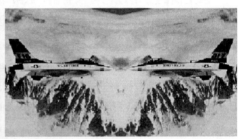

（a）输入的振幅　　　　　　　　　　　（b）输入的相位图像

（c）加密图像

 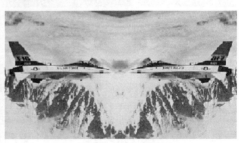

（d）解密的振幅　　　　　　　　　　　（e）解密的相位图像

图 5.12　两幅图像同时加密、解密效果图

5.5 抗攻击能力分析

攻击者可以通过两种方法来破译该改进技术：一是通过分析类似 4.5.1 节中介绍的三个密钥 $A(x,y)$、$B(u,v)$ 和 $C(\alpha,\beta)$ 破解该技术；二是分析系统的输入波长 λ、衍射距离 z_1 和 z_2 以及振幅调制模板 $D(u,v)$，通过菲涅耳域单强度分布重建输入图像的方法破译该技术。

我们首先来分析第一种技术。比较改进系统与 4.5.1 节介绍的菲涅耳域双随机相位编码系统可知，该改进方法的三个密钥 $A'(x,y)$、$B'(u,v)$ 和 $C'(\alpha,\beta)$ 可以通过相同的方法推导得到，它们在该系统中分别为：

$$A'(x,y) = \exp\left[i2\pi p_1'(x,y)\right]\exp\left[\frac{i\pi}{\lambda z_1}(x^2 + y^2)\right] \tag{5.34}$$

$$B'(u,v) = D(u,v)\exp\left[\frac{i\pi}{\lambda z_1}(u^2 + v^2)\right]\exp\left[i2\pi p_2(u,v)\right]\exp\left[\frac{i\pi}{\lambda z_2}(u^2 + v^2)\right] \tag{5.35}$$

$$C'(\alpha,\beta) = \exp\left[\frac{i\pi}{\lambda z_2}(\alpha^2 + \beta^2)\right] \tag{5.36}$$

显然，通过 4.5.2 节中介绍的选择明文攻击方法，仍然可以获得三个密钥 $A'(x,y)$、$B'(u,v)$ 和 $C'(\alpha,\beta)$，破译该加密技术。但是本章提出的方法是让合法的接收者通过利用菲涅耳域单强度分布重建输入图像的方法解密，解密过程中不需要相位板 RPM1 和 RPM2，所以在加密者和接收者的通信过程中不需要传输 RPM1 和 RPM2。因此，在保证 RPM1 对称的前提下，加密者可任意更换 RPM1 和 RPM2。由式（5.34）和式（5.35）可知，两个随机相位板不同，密钥 $A'(x,y)$ 和 $B'(u,v)$ 便不相同。这样我们可以设计一个加密机，使之在对一幅图像完成加密运算后，便自动销毁并更换相位板，为下一次加密生成新的加密密钥 $A'(x,y)$ 和 $B'(u,v)$。这样，对于不同的明文使用不同的加密密钥对其进行加密，这种加密机可有效抵抗 4.5.2 节介绍的选择明文攻击。

对于第二种方法的攻击，攻击者通过获取系统的输入波长 λ、衍射距离 z_1 和 z_2 以及振幅调制模板 $D(u,v)$，利用菲涅耳域单强度分布重建输入图像的方法破解该技术。但是，由于不同的明文对应不同的加密密钥，通过 4.5.2 节介绍的选择明文攻击方法，也不能获取改进方法的解密密钥。而且，由于菲涅耳域中的振幅调制模板的加入，使解密结果对入射波长和衍射距离的偏差极为敏感，并且解密过程中必须有振幅调制模板的参与。因此，以输入波长 λ、衍射距离 z_1 和 z_2，以及

振幅调制模板 $D(u,v)$ 作为解密密钥，可以保证加密信息的安全。

5.6　本章小结

本章首先针对第 4 章提到的选择明文攻击方法，介绍了一种双随机相位编码技术的改进方法，该方法可成功抵御 δ 函数攻击。随后我们提出了一种针对菲涅耳域双随机相位编码技术的改进方法，该方法的优势在于：

（1）采用通过菲涅耳域光场的强度信息可重建输入图像的解密方法，解密过程中仅仅使用加密密钥中的部分密钥作为解密密钥，所以除解密密钥外的加密密钥可随意更换，有效抵御了 4.5.2 节介绍的选择明文攻击，增强了改进技术的安全性。

（2）菲涅耳域中振幅调制模板的加入，增强了解密结果对入射波长以及衍射距离的敏感性，极小的数值偏差便引起解密图像质量的极大恶化，因此，以菲涅耳域中的振幅调制模板、入射波长以及衍射距离作为解密密钥，可以保证改进技术的安全性。

第6章　双随机相位编码技术密钥的管理方法

由于双随机相位编码技术具有许多良好的特性，使得该技术已在图像加密、信息隐藏、水印等领域显示出广阔的应用前景。但是，由于双随机相位编码技术的加密密钥和解密密钥互为共轭，即属于密码学中的单钥密码体制（又称为对称密码体制）。因而在发送加密图像的同时，必须通过其他安全通道传递密钥。在大量图像传递或多用户传输过程中，由于密钥的数量非常巨大，其传输、管理和分配的安全性将成为严重的问题。

在现代密码学中具有重要意义的公钥密码体制[3-6]（又称非对称密钥体制），由于其加密密钥对所有用户是公开的，每个合法用户只需保管好自己的解密密钥，即可很容易地提取秘密信息，因而使密钥的管理与分配变得简单和方便。在目前流行的公钥密码体制中，基于大整数因子分解的 RSA 公钥密码体制是相对来说最为成熟的[3-6]。但是，该技术在图像加密方面，表现出扩散和混淆性能不足的缺陷[110]。两种加密体制若能有效结合，将为信息的传输带来极大的安全和便利。

6.1　RSA 公钥密码体制

6.1.1　基本原理

公钥密码算法最大的特点是采用两个相关密钥将加密和解密能力分开，其中一个密钥是公开的，称为公开密钥；另一个密钥为用户专用，因而是保密的，称为秘密密钥，又叫私钥。这样每个用户只需保管好自己的私钥，即可提取秘密信息。加密密钥和解密密钥的分立，为密钥的传输、管理和分配带来了极大的安全和便利。

RSA 公钥密码算法是由 MIT 三位青年数学家 R. L. Rivest、A. Shamir 和 L. Adleman 在 1978 年提出的一种用数论构造双钥的方法[8]，是一种迄今为止理论上最为成熟的公钥密码体制，该技术目前已得到广泛应用。RSA 公钥密码算法中密钥的产生可以分为以下几步[6]：

（1）选两个保密的大素数 p 和 q。

（2）计算 $n = p \times q$，$\varphi(n) = (p-1)(q-1)$，式中 $\varphi(n)$ 为 n 的欧拉函数值。

（3）选一整数 e，满足 $1<e<\varphi(n)$ 且 $\gcd(\varphi(n),e)=1$，$\gcd$ 表示互质。

（4）计算 d，满足 $d\cdot e\equiv 1\bmod\varphi(n)$，mod 表示模运算。

（5）以 $\{e,n\}$ 为公开密钥（Public Key，PK），$\{d,n\}$ 为秘密密钥（Secret Key，SK）。

加密和解密过程如图 6.1 所示。加密时首先将明文比特串分组，使得每个分组对应的十进制数小于 n，即分组长度小于 $\log_2 n$，然后对每个明文分组 m 作加密运算：

$$c\equiv m^e\bmod n \tag{6.1}$$

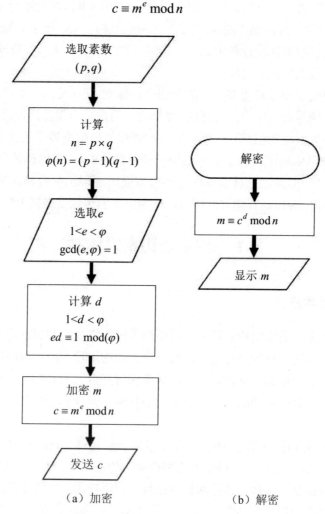

（a）加密　　　　　　　　　（b）解密

图 6.1　RSA 公钥密码体制流程图

对密文分组的解密运算为：

$$m \equiv c^d \bmod n \qquad (6.2)$$

RSA 公钥密码体制的安全性基于数论中大整数分解的困难性，若能知道 n 的因子分解，该密码就能被破译。因此要选用足够大的 n，使得在当今条件下要分解它是困难的。

6.1.2　RSA 公钥密码的加密体制

如图 6.2 所示为 RSA 公钥密码技术用于加密、解密的结构框图[6]。首先，接收者 B 产生公钥 PK_B 和私钥 SK_B，并将公钥对用户公开，私钥自己保留；然后，发送者 A 按照式（6.1）用公钥 PK_B 将明文 m 加密成密文 c，并发送给接收者 B。接收者 B 收到密文后，用自己保留的私钥 SK_B 按式（6.2）将密文解密而获取明文 m。密码分析者即攻击者的目的是在获知公钥和密文的前提下，探寻私钥并获知明文。然而，在 RSA 公钥密码体制中，从公开密钥 PK_B 和密文 c 要推出明文 m 或解密密钥 SK_B 在计算上是不可行的。

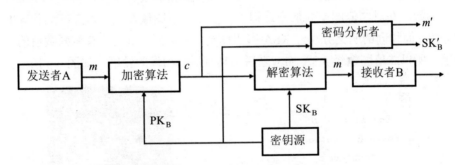

图 6.2　RSA 公钥密码技术的加密、解密框图

从上面的加密、解密过程的分析可知，任一用户都可以用用户 B 的公开密钥 PK_B 向他发送机密消息，因而密文 c 不具有认证性。

6.1.3　RSA 公钥密码的认证体制

如图 6.3 所示为 RSA 公钥密码体制用于认证的结构框图[6]。首先，发送者 A 以自己的私钥 SK_A 对明文 m 进行加密运算，生成密文 c，并发送给用户 B；然后，接收者 B 用 A 的公开密钥 PK_A 验证 c。

由于 SK_A 是保密的，其他人都不可能伪造密文 c，并且可用 A 的公开密钥解密得到有意义的明文 m。因此，可以验证消息 m 来自 A，而不是其他人，从而实现了对 A 所发消息的认证。

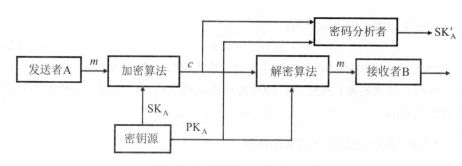

图 6.3　RSA 公钥密码技术的认证体制框图

6.1.4　RSA 公钥密码体制的缺陷

由 6.1.1 节可知，RSA 公钥密码体制扩散和混淆性能的好坏是由明文分组的长度决定的，即信息只在各自的明文分组中扩散和混淆，而双随机相位编码技术可将整个明文作为一组进行加密。因此，RSA 公钥密码体制与双随机相位编码技术相比，扩散和混淆性能较差，尤其是在对图像加密的过程中体现得更为明显[120]。

例如，在对二值图像的加密过程中，由于二值图像存在许多连续的相同的明文分组，而相同的明文分组经 RSA 密码体制加密之后，变为具有相同数值的密文分组，所以二值图像经 RSA 加密之后仍具有原始图像的轮廓，如图 6.4 所示。

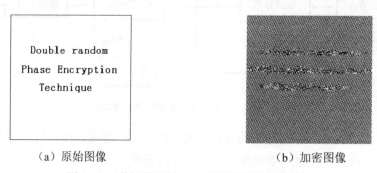

（a）原始图像　　　　　　　　　　　（b）加密图像

图 6.4　二值图像和经 RSA 密码体制的加密图像

对于灰度图像加密，RSA 公钥密码体制扩散和混淆性能不足的缺陷，体现在经该密码体制加密后的密文不能抵抗剪切攻击，如图 6.5 所示，其中（a）为原始灰度图像，（b）为经 RSA 密码算法加密并剪切掉 1/4 后的加密图像，（c）为（b）的解密图像，可以看出解密图像并不能完整地再现原始图像，部分信息因剪切而丢失。

（a）原始图像

（b）被剪切的加密图像

（c）解密图像

图 6.5　灰度图像经 RSA 公钥密码加密后对剪切攻击的解密效果图

6.2　双随机相位编码密钥与密文的同时传输

双随机相位编码技术具有良好的扩散性能，但是该技术属于密码学中的单钥密码体制，并且巨大的密钥量为密钥的安全传输、管理和分配带来不便；与之对应的是公钥密码体制，其加密密钥与解密密钥的分立，使密钥的管理和分发极为便利，然而该技术又存在扩散和混淆特性不足的缺陷。因此，两种加密体制若能有效结合，必将为信息的传输、管理和分配带来安全和方便。

由 3.5.2 节的讨论可知，在双随机相位编码技术的解密过程中，仅取其加密图像的部分信息也能恢复原图像，尤其是将振幅均化而仅取相位信息，仍可得到效果较好的解密图像。利用这个特性，并结合 RSA 公钥密码体制，我们提出了一种实现双随机相位编码技术密钥与密文同时传递的方法[121]。

6.2.1　基本设计思想

首先，待传输的原始图像 $f(x, y)$ 经双随机相位编码技术变换为白噪声形式的加密图像 $g(x, y)$，加密过程如式（3.3）所示，该图像为复图像；然后，对加密图像 $g(x, y)$ 振幅部分均化，得到仅包含相位信息的加密图像 $g'(x, y)$，即：

$$g'(x, y) = A g_{\psi}(x, y) \tag{6.3}$$

式中，A 为振幅，为一常数；$g_{\psi}(x, y)$ 为加密图像的相位函数。

接下来，将作为密钥的两个随机相位函数 $\theta_0(x, y)$ 和 $\varphi_0(u, v)$ 的二进制编码值，经 RSA 公钥加密算法按式（6.1）加密，得到 RSA 加密后的相位板密钥的二进制编码值 c_i；再利用振幅调制技术[122]，通过空间光调制器对加密图像 $g'(x, y)$ 的均化振幅 A，按经 RSA 加密后的相位板密钥的二进制编码值 c_i 进行调制，得到振幅包含解密密钥而相位包含加密数据的已编码图像，最后将其传送出去。

接收端收到携带了密钥信息的已编码图像后，首先通过振幅检测，提取经 RSA 公钥加密后的相位板密钥 c_i；然后用自己的 RSA 解密密钥，按式（6.2）解密出双随机相位板密钥；再送到双随机相位解码系统中，对振幅均化而仅有相位部分信息的加密图像实施解码运算，从而还原出解密图像。

如图 6.6 所示为在双随机相位编码过程中，借助 RSA 公钥密码体制传递密钥的光学实现示意图，其中包括由两组 $4f$ 系统构成的双随机相位加密与解密过程，分别如图 6.6（a）和（b）所示。

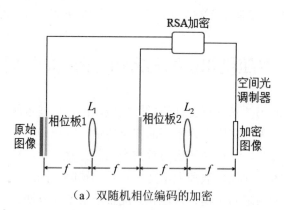

（a）双随机相位编码的加密

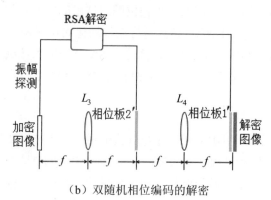

（b）双随机相位编码的解密

图 6.6　利用 RSA 密码体制传递密钥的光学实现示意图

6.2.2　具体步骤

（1）如图 6.6 所示中随机相位板 Mask1 和 Mask2，采用可实现若干量化相位等级（如 256 级，8bit）的液晶空间光相位调制器[122]，像素数为 $N \times N$。对原始图像 $f(x, y)$ 按式（3.3）进行双随机相位编码，得到加密图像 $g(x, y)$。接下来，对加密图像的振幅部分均化，得到仅包含相位信息的加密图像 $g'(x, y)$，如式（6.3）

所示。

（2）上述代表量化相位等级的 8bit 二进制数，所对应的十进制数是以均匀概率在整数区间[0,255]取值的。对所有像素的 8bit 二进制编码值按一定规则，如从左至右、从上至下、连接成一个巨大的二进制数（长度为 $8 \times N \times N$ bit），作为 RSA 公钥加密算法的明文 m。

（3）在确定 RSA 公钥密码体制的各参数 p、q、n、$\Phi(n)$、e 和 d 后，按前述 RSA 密码规则，将明文 m 分成若干消息组 m_i，然后用式（6.1）完成加密运算，得到相应密文 c_i，c_i 也组成一个巨大的二进制数（长度也为 $8 \times N \times N$ bit）；再将这个巨大的二进制数，按每 8bit 一组划分成 $N \times N$ 组，每一组与一个像素位置相对应，这样就得到经 RSA 公钥加密后的相位板密钥的二进制编码值。

（4）然后，再用液晶空间光振幅调制器，把仅包含相位信息的加密图像的振幅量化为 256 级，并对各像素的振幅，根据 RSA 公钥加密后的二进制编码值进行调制，得到振幅包含经 RSA 加密后的双随机相位板密钥，而相位包含加密数据的已编码图像，然后传送出去。

以上 4 步如图 6.6（a）所示。

（5）接收端通过振幅检测，提取出 256 级的相位板密钥经 RSA 公钥加密后的二进制编码值 c_i，然后用自己的 RSA 解密密钥，经式（6.2）还原出双随机相位板密钥 $\theta_0(x, y)$ 和 $\varphi_0(u, v)$，同时对已编码图像的振幅进行均化，从而得到仅包含相位信息的加密图像 $g'(x, y)$；然后，接收者再把还原出的密钥送到液晶空间光相位调制器作为解密相位板，从而还原出具有较好效果的解密图像。该步骤如图 6.6（b）所示。

下面我们举一个简单的例子来说明对相位板密钥的 RSA 加密，假如随机相位板的像素数为 8×8，并且每个像素被量化为 0 和 1 两个灰度值，它们以均匀概率取值，如图 6.7（a）所示。下面我们按从左至右、从上至下，将所有像素的二进制数串成一个 64 位二进制数，即 1001101101001110001111110100011100100000100101001111110000010011。

取 $p = 17$，$q = 31$，$n = 527$，$\Phi(n) = 480$，$e = 7$，$d = 343$，由前所述，数 n 和 e 组成 RSA 的公开加密密钥。首先，把这 64 位二进制数分成若干组 m_i，组数根据 n 确定，应使 $m_i < n$。考虑到 $2^9 = 512$，将上面 64 位二进制数按每 9 位分组，得：

100110110，100111000，111111101，000111001，000001001，010011111，000001001，1

然后，对每组按式（6.1）加密得：

011011001，011111100，001010100，010010110，110111100，110000100，110111100，1

最后，将密文相应地组成如图 6.7（b）所示的加密后的二进制数分布图样。

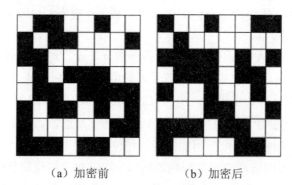

（a）加密前　　　　　　　（b）加密后

图 6.7　随机相位编码密钥经 RSA 加密算法前后灰度分布

对相位板密钥的 RSA 解密过程与上述步骤相反。可见，这种同时传递加密信息和密钥的方法，其实质就是把原始图像信息编码在载波相位中，而把密钥信息经 RSA 公钥加密后，编码在载波振幅中，然后同时传送出去。

显然，如果原始图像是实函数，则只需要传送傅里叶频谱面上的解密相位密钥；如果原始图像是复函数，则可以把两块随机相位板的二进制编码值合并处理，但具体规则需要发、收双方事先约定。

我们对 256×256 像素 256 灰度级的图像进行数值模拟实验，随机相位板的量化等级分别为 256 级（8bit）、16 级（4bit）、4 级（2bit）；p 和 q 取对应十进制大于 16 位的大素数，则 n 为对应十进制大于 32 位的整数；由于 2^{100} 是对应十进制 31 位的整数，按前述规则将明文分组，然后进行 RSA 加密。如图 6.8（a）为原始图像，（b1）、（b2）、（b3）为解密密钥被量化为 256 级、16 级、4 级时二进制数全部提取正确时还原的解密图像。

（a）原始图像　　　　（b1）256 级　　　（b2）16 级　　　　（b3）4 级

图 6.8　数值模拟结果

由于 RSA 公钥密码算法加密运算非常耗时，尤其是对大量数据（如图像）进行加密时，运算速度慢这一缺陷体现得更为明显。从以上的数值模拟结果可以看出，即使密钥被量化为 4 个灰度等级，解密图像的视觉效果仍然是可以接受的。因此，可以通过减少密钥的量化等级，并结合图像压缩技术来减少待加密信息的数据量，为实际应用带来便利。

6.2.3　安全性分析

这种随密文同时传递密钥的方法，实际上包括两个加密过程，即双随机相位编码和 RSA 加密运算。前者的安全性主要取决于在像素数很多的情况下，采用穷举密钥法寻找随机相位分布函数所需要支付的巨大运算量；而后者的安全性则取决于 RSA 密码体制的安全性。在未来一段比较长的时期，密钥长度介于 1024 和 2048 比特之间的 RSA 是安全的[6]。

但是，在已知该同时传输密钥的方法的前提下，该算法的安全性仅由 RSA 公钥密码技术的安全性来保证，即只要破译了 RSA 密码，即可获得双随机相位编码技术的密钥，进而得到明文。因此，是否不需要双随机相位编码技术，只需利用 RSA 公钥加密算法直接对图像加密并传输，即可实现该算法的性能呢？事实不是这样的。从 6.1.4 节的分析可知，RSA 公钥密码算法存在扩散和混淆特性不足的缺陷，使得加密图像不能抵抗剪切攻击，而双随机相位编码技术在此恰恰起到了提高该算法扩散和混淆能力的作用，使该算法可以有效抵抗剪切攻击。如图 6.9 所示给出了该算法抵抗剪切攻击的数值模拟结果，其中，密钥被量化为 4 个灰度等级。图 6.9（a）和（b）分别为传输图像被剪切掉 1/16 和 1/4 时的解密图像。我们可以看到，解密图像仍然可以再现完整的原始图像，只是携带了一定的噪声。因此，正是两种密码技术的有效结合，才使得该算法在保证安全的前提下，既实现了密钥和密文的同时传输，又具有良好的扩散和混淆特性。

(a) 剪切 1/16　　　　　　　　　　　(b) 剪切 1/4

图 6.9　传输图像抵抗剪切攻击的解密效果图

当然，借助 RSA 公钥密码体制实现密钥随密文传输的方法存在的一个关键问题：接收端是否能正确提取振幅的二进制编码值，即如果有 1bit 的二进制编码值错误，可能会导致相位板多个像素密钥值的还原。我们仍以前面 64 位二进制数为例，如果在某组中有 1bit 的数据提取错误，则经 RSA 解码后可能导致 9 个像素的密钥值错误，这将使解密图像的信噪比进一步降低。显然，明文分组 m_i 的长度越大，这个问题越严重。

另外，在通信过程中引入噪声是不可避免的，为了减小噪声对解密图像的影响，我们可以减少相位和振幅的量化级数，这是因为较小的噪声经量化后即可消除。即使出现攻击者对已编码图像恶意引入较大噪声而使随机相位密钥无法提取正确，进而无法得到解密图像的情况，由于 RSA 公钥密码的运用，他也无法获知隐藏的内容，因而传递的信息仍是安全的。图 6.10（a）、（b）、（c）分别为密钥被量化为不同等级时某一组二进制数提取错误的解密图像。

　（a）量化为 256 级　　　　（b）量化为 16 级　　　　（c）量化为 4 级

图 6.10　部分密钥被量化为不同等级时提取错误的解密图像

6.3　基于混沌序列的密钥管理和传输

公钥密码算法的缺点在于其运算速度较慢，因此不适合对较大数据量的信息进行加密。由于双随机相位编码技术的密钥为两个相位板，密钥空间非常大，因此，6.2 节提到的方法中利用 RSA 公钥密码加密相位板（尽管可减少相位板的量化等级）将相当耗时，计算非常复杂。另外，接收端接收到的信息仅为加密图像的部分信息（相位），使得解密图像不够清晰。针对该方法存在的缺陷，考虑到混沌系统对初值的敏感性[123]，我们将 5.2 节提到的方法进行改进，以混沌序列代替菲涅耳域中的随机振幅调制模板，从而极大地减少了密钥量，使 5.2 节提出的方法更具有实际可操作性。

6.3.1 密钥的产生

信息论的奠基人美国数学家 Shannon 指出[116]：若能以某种方式产生一随机序列，这一序列由密钥所确定，任何输入值一个微小的变化对输出都具有相当大的影响，则利用这样的序列进行加密，其可操作性强、保密性好且不易破解。恰巧混沌序列满足了这一条件。混沌理论是近年来发展较快的非线性科学的重要分支。混沌现象是在非线性动力系统中出现的确定性的、类随机的过程，这种过程既非周期又不收敛，并且对初始值具有极其敏感的依赖性。

一类非常简单却被广泛研究的混沌映射（Logistic 映射）表示为[123]：

$$x_{k+1} = \mu x_k (1 - x_k) \tag{6.4}$$

式中，$0 \leqslant \mu \leqslant 4$ 为分岔参数（Bifurcation Parameter）；$x_k \in (0,1)$ 为系统的状态变量。混沌动力系统的研究指出，当 $3.5699456 < \mu \leqslant 4$ 时，Logistic 映射工作处于混沌状态，此时，由初值 x_0 在 Logistic 映射作用下产生的序列 $\{x_k; k = 0,1,2\cdots\}$ 是非周期、不收敛、对初值敏感的序列。

6.3.2 密钥的管理和传输

如图 6.11 所示给出了借助混沌系统和 RSA 公钥密码技术，对 5.2 节提出的改进技术的密钥进行管理的流程图[109]。其具体过程为：

首先，为 Logistic 映射选定一个初值 x_0，通过式（6.4）分别产生一个混沌序列，作为菲涅耳域中的振幅调制模板（AM），并放入加密系统对输入图像进行加密，得到加密图像 $g(\alpha, \beta)$。在整个加密过程中，随机相位板 RPM1 和 RPM2 以及照射光的波长 λ、衍射距离 z_1 和 z_2、Logistic 映射的初值 x_0 作为加密密钥。然而，通过 5.2 节的分析可知，解密过程并不需要随机相位板 RPM1 和 RPM2，因此无需传输。这样需传输的密钥仅为 $K = (\lambda, z_1, z_2, x_0, \mu)$。最后，利用 RSA 公钥密码技术对传输密钥 K 进行加密，得到加密数据 C，并将其与加密图像 $g(\alpha, \beta)$ 一起传输给接收者。

接收者收到加密数据 $g(\alpha, \beta)$ 和 C 后，首先利用自己的私钥作 RSA 解密，获得传输密钥 K，进而通过 Logistic 映射的初值 x_0 产生菲涅耳域中的振幅调制模板（AM），然后根据 5.2 节介绍的方法重建输入图像，获得明文。

以混沌系统的初值代替菲涅耳域中的随机振幅调制模板，极大地压缩了密钥量，即减少了利用 RSA 公钥进行加密的数据量，大大缩短了对密钥加密的运算时间。同时，密钥量的极大减少，也为其传输、管理和分配带来便利。

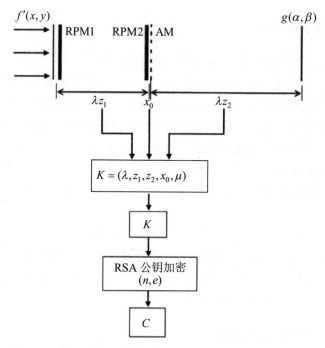

图 6.11　菲涅耳域双随机相位编码技术密钥的管理流程图

　　我们仍取 Lena 图像作为待加密图像，如图 6.12（a）所示；（b）为由 Logistic 映射产生的振幅调制模板，其初值为 0.312；（c）和（d）分别为加密图像和正确 Logistic 映射初值下的解密图像；（e）为使用错误 Logistic 映射初值时产生的振幅调制模板，$x_0 = 0.313$；（f）为使用（e）作为振幅调制模板的解密图像。数值模拟中取入射光的波长为 632.8nm，衍射距离 $z_1 = 0.5\,\mathrm{m}$，$z_2 = 0.8\,\mathrm{m}$。

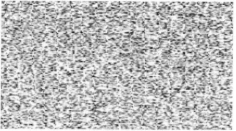

（a）原始图像　　　　　　　　　　（b）振幅调制模板 $x_0 = 0.312$

图 6.12　混沌序列用于菲涅耳域双随机相位编码技术的加解密结果

（c）加密图像　　　　　　　　　（d）$x_0 = 0.312$ 时的解密图像

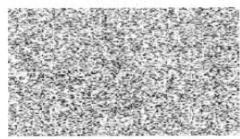

（e）振幅调制模板 $x_0 = 0.313$　　　　（f）$x_0 = 0.313$ 时的解密图像

图 6.12　混沌序列用于菲涅耳域双随机相位编码技术的加解密结果（续图）

6.4　本章小结

本章首先提出了利用 RSA 公钥密码体制管理和传输双随机相位编码技术的相位板密钥的方法。该方法将两种密码体制（公钥密码体制和单钥密码体制）有效地结合在一起，既在保证安全的前提下实现了双随机相位编码技术密钥和密文的同时传输，又弥补了 RSA 公钥密码体制在图像加密方面表现出的扩散和混淆性能不足的缺陷，两者起到了优势互补的作用。考虑到 RSA 公钥密码算法运算速度较慢的缺点，提出了利用混沌系统产生密钥的方法。由于混沌系统在不同初始状态下可以得到不同的混沌序列，因此 5.2 节提出的改进系统中的振幅调制模板，可以用一混沌序列来代替，以混沌序列初值的传输来代替振幅调制模板的传输，极大地压缩了需传输的密钥量，提高了 5.2 节中提出的方法的可操作性。

第7章 基于随机相位编码的信息隐藏技术

目前，大多数信息安全技术都是基于密码学理论的，即将信息通过密码加密成密文，使非法用户不能解读，从而保证信息的安全。但是该方法忽视了信息本身的属性，非法用户一看便知信息是经过加密处理的，即使攻击者无法破译密码，但他们也有足够的手段对密文进行破坏，使合法用户难以获取秘密信息。因此，具有伪装特点的信息安全技术——信息隐藏技术应运而生。它的主要研究内容是，如何将秘密信息隐藏在另一公开信息中，通过公开信息的传输来实现秘密通信。近几年，信息隐藏技术迅速发展，已成为国际上的研究热点。

由于双随机相位编码技术具有极高的鲁棒性、天然的光学并行处理能力以及良好的扩散性能，使该技术不仅在图像加密领域显示出广阔的应用前景，而且在信息隐藏方面也显示出极大的发展潜力。本章在回顾双随机相位编码信息隐藏方法的基础上，提出了一种基于双随机相位编码技术和 RSA 公钥密码体制的信息隐藏方法[120]，该方法是 6.2 节中提出方法的改进，即实现了两种密码体制的优势互补，也使解密图像更加清晰，信息的传输更加隐蔽。

7.1 复振幅空间域隐藏

7.1.1 隐藏原理

2002 年，Kishk 和 Javidi 提出了一种基于双随机相位编码技术的信息隐藏方法[52]。在该方法中，首先将待隐藏的图像 $f(x, y)$ 在空间域和频率域分别作随机相位调制，从而得到经双随机相位编码的加密图像 $g(x, y)$，该过程如式（3.3）所示。然后将该加密图像以一定权重加载到宿主图像中，即可完成信息的隐藏，其数学表达式为：

$$c(x, y) = h(x, y) + \alpha g(x, y) \tag{7.1}$$

式中，$h(x, y)$ 为宿主图像；$c(x, y)$ 为融合图像；α 为叠加权重。

通常，对叠加权重 α 大小的选取需满足以下几个要求：第一，需保证叠加图像对宿主图像的视觉影响程度较小；第二，需保证隐藏图像有一定的坚固性，即隐藏图像能抵抗删节、压缩、篡改等攻击；第三，需保证接收者在不借助原始宿主图像的前提下，能较清楚地恢复出秘密信息。这样，我们应根据不同的应用范围，权衡考虑叠加权重 α 取值的大小。

7.1.2 隐藏信息的恢复

信息隐藏的目的是通过载体隐藏信息的传输，所以叠加图像不应引起宿主图像质量的明显恶化。在此前提下，叠加图像的像素值应远小于宿主图像的像素值，即加密图像几乎完全被淹没在宿主图像之中。这样仅仅通过融合图像直接解码是很难获得秘密图像的。要解决这个问题，可以利用宿主图像的频谱一般集中在低频、噪声主要集中在高频的特点，在解密过程中先采用频域高通滤波的方法，将宿主图像的低频部分滤掉，然后进行解码运算。当然，由于该过程也滤除了加密图像的低频成分，因此解密效果也会受到影响。但是，如果采用特殊的宿主图像，如频谱不集中在低频的图像，该方法将很难奏效。

从 3.2 节的分析可知，加密图像为平稳高斯白噪声，这样融合图像可以看作是被加性高斯白噪声恶化了的宿主图像。目前，对于被噪声污染的图像的复原技术已经非常成熟，因此我们可以首先通过图像复原的方法来恢复宿主图像，然后利用融合图像和宿主图像的对比得到加密图像，最后进行双随机相位编码技术的解码运算，获得秘密信息。下面我们介绍一种利用维纳滤波[124]（最小均方误差滤波）进行图像复原来恢复秘密信息的方法。

维纳滤波的基本原理这里不再作详细描述，具体可以参见参考文献[124]。要想恢复宿主图像 $h(x, y)$，我们的目标是找到宿主图像的估计值 $\hat{h}(x, y)$，使其与宿主图像 $h(x, y)$ 之间的均方误差最小，误差度量由式（7.2）给出：

$$e^2 = E\left\{\left[h(x, y) - \hat{h}(x, y)\right]^2\right\} \tag{7.2}$$

式中，$E\{\}$ 为数学期望。

因为加密图像与宿主图像是互不相关的，所以，式（7.2）中误差函数的最小值在频域用下面的表达式计算：

$$\hat{H}(u, v) = \left[\frac{1}{1 + \dfrac{|\alpha G(u, v)|^2}{|H(u, v)|^2}}\right] C(u, v) \tag{7.3}$$

式中，$\hat{H}(u,v)$、$C(u,v)$、$G(u,v)$ 和 $H(u,v)$ 分别为宿主图像估计值 $\hat{h}(x,y)$、融合图像 $c(x,y)$、加密图像 $g(x,y)$ 和宿主图像 $h(x,y)$ 的傅里叶变换谱；α 为叠加权重。

因此，$|\alpha G(u,v)|^2$ 和 $|H(u,v)|^2$ 分别为叠加图像和宿主图像的功率谱。因为加密图像为白噪声，谱 $|\alpha G(u,v)|^2$ 是一个常数，可通过迭代的方法选择。对于融合图像的接收者来说，宿主图像通常是未知的，因此谱 $|H(u,v)|^2$ 可近似地用融合图像的功率谱 $|C(u,v)|^2$ 来代替。

这样，叠加图像在频域中的估计值 $\hat{G}(u,v)$ 可由融合图像和宿主图像估计值之差来表示，即：

$$\hat{G}(u,v) = C(u,v) - \hat{H}(u,v) \tag{7.4}$$

然后，将式（7.4）得到的结果作为加密图像在其频域的近似，代入式（3.4）即可得到由双随机相位编码技术解码之后的秘密信息，即：

$$\hat{f}(x,y) = FT^{-1}\left\{\hat{G}(u,v)\varphi^*(u,v)\right\}\theta^*(x,y) \tag{7.5}$$

7.1.3　隐藏效果分析

我们取 256×256 大小的 Lena 图像作为待隐藏图像，如图 7.1（a）所示；以 256×256 大小的 Cameraman 灰度图像（b）作为宿主图像，其频谱主要集中在低频；图 7.1（c）为 256×256 大小，频谱不集中在低频的另一宿主图像 Leaves。以此为例，做数值模拟实验。

（a）Lena　　　　　（b）Cameraman　　　　　（c）Leaves

图 7.1　待隐藏图像和宿主图像

下面我们来做通过高通滤波和维纳滤波方法提取秘密信息的数值模拟，结果如图 7.2 所示。（a）、（b）为融合图像，叠加权重取 0.1，其峰值信噪比分别为 30.25dB 和 31.04dB；（a1）、（b1）为直接用融合图像的解密图像，结果显示为在叠加权重为 0.1 时，直接对融合图像解码是不能获得秘密信息的；（a2）、（b2）为融合图像通过 64×64 的高通滤波后的解密图像，其中（a2）的峰值信噪比为 13.64dB，而（b2）仅为 9.9dB，其视觉效果极差；（a3）、（b3）分别为对融合图像通过维纳滤波作图像复原后的解密图像，峰值信噪比分别为 15.21dB 和 13.70dB，其解密图像的视觉效果是可以接受的。

（a）融合图像　　（a1）直接解密　　（a2）高通滤波解密　　（a3）维纳滤波解密

（b）融合图像　　（b1）直接解密　　（b2）高通滤波解密　　（b3）维纳滤波解密

图 7.2　双随机相位编码信息隐藏和解密的效果图

如图 7.3 所示是取图 7.1 中（a）和（b）为宿主图像时，融合图像以及借助于维纳滤波的解密图像的峰值信噪比随叠加权重 α 的变化曲线。从实验结果可以看出，以频谱不集中在低频的图像比以频谱集中在低频的图像作为宿主图像，隐藏效果好，而解密图像质量差。一般来讲，当图像的峰值信噪比低于 25dB 时，人眼可以觉察到图像质量的明显恶化；而当峰值信噪比低于 10dB 时，可认为图像被淹没在噪声之中，视觉效果非常差，以至于很难识别图像的内容。因此，叠加权重 α 的取值应综合权衡融合图像和解密图像的质量来考虑。当然，对于同种格式的不同图像或不同格式的图像，α 的取值范围不太相同，但是对大量图像进行实验表明，α 应大致在[0.01,0.15]区间之内。

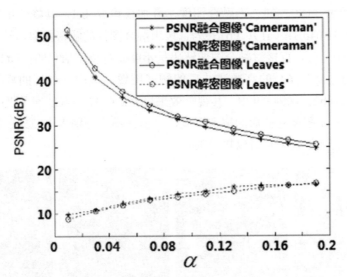

图 7.3 融合图像和解密图像的 PSNR 与叠加权重 α 的关系

7.2 实虚部空间域叠加

7.2.1 基本原理

在 7.1 节提到的方法中,即使借助高通滤波、图像复原等数字图像处理方法,隐藏信息的提取仍然不可避免地受到宿主图像的影响,使解密图像不够清晰。针对这个问题,Zhou 等提出了一种实虚部空域叠加的信息隐藏方法[125,126]。该方法是将加密图像的实部和虚部同时叠加在一幅任意选取且被扩幅的灰度图像中,在提取隐藏图像时,直接对融合图像进行处理,不需要利用宿主图像,其解密效果也不受宿主图像的影响。其具体方法如下:

首先将宿主图像扩幅,例如,将 $M \times N$ 大小的图像 $h(x,y)$ 扩幅为 $2M \times 2N$ 大小的图像 $H(x,y)$。扩幅按如下规则进行:

$$H(2m-1,2n-1) = h(m,n), \quad H(2m-1,2n) = h(m,n)$$
$$H(2m,2n-1) = h(m,n), \quad H(2m,2n) = h(m,n) \tag{7.6}$$
$$m = 1,2,3,\cdots,M, \quad n = 1,2,3,\cdots,N$$

式中,h 和 H 分别为扩幅前后的宿主图像。

该规则实际上是把原来一个像素扩展为相邻行和列的四个像素,显然,四个像素的灰度值相等。然后,把加密图像 $g(x,y)$ 的每个像素的实部和虚部,按一定的叠加权重分别嵌入相邻行或列的四个像素中，具体表示为：

$$H'(2m-1,2n-1) = H(2m-1,2n-1) + \alpha g_R(m,n)$$
$$H'(2m-1,2n) = H(2m-1,2n) - \alpha g_I(m,n)$$
$$H'(2m,2n-1) = H(2m,2n-1) + \alpha g_I(m,n)$$
$$H'(2m,2n) = H(2m,2n) - \alpha g_R(m,n) \qquad (7.7)$$

式中，H' 为最终的融合图像；α 为叠加权重；g_R 和 g_I 分别为加密图像 $g(x,y)$ 的实部和虚部。

这样就生成了一幅携带秘密信息的融合图像。提取隐藏图像时，对融合图像相邻行或列的像素值相减，即可分别得到加密图像实部和虚部与叠加权重的乘积，即 αg_R 和 αg_I。这样叠加图像即可由它们组合而成，即：

$$\alpha g(x,y) = \alpha \left[g_R(x,y) + i g_I(x,y) \right] \qquad (7.8)$$

从上面的分析可以看出，在提取叠加图像的整个过程中没有使用宿主图像。因此，从理论上讲，该方法不借助宿主图像即可准确地提取隐藏信息。但是，我们知道实际上在图像的存储、打印、传输过程中，图像的灰度值都是有限的正整数（如 0～255 灰度等级），因此融合图像所携带的加密数据并不是原始的 αg_R 和 αg_I，而是最接近于它们的整数值，这样图像灰度值的取整量化，将为叠加图像带来一定的数据偏差。显然，这些数据偏差与叠加权重 α 的大小密切相关，α 越大，数据偏差越小；反之，α 越小，数据偏差越大。相应地，α 值的大小对融合图像和解密图像像质的影响效果却恰恰相反，即 α 越大，融合图像像质越差，而解密图像像质越好。

7.2.2 隐藏效果分析

我们仍取图 7.1（a）和（b）作为待隐藏图像和宿主图像，其大小都为 256×256 像素。首先我们将宿主图像按式（7.6）规则扩幅为 512×512 大小，如图 7.4（a）所示。然后将待隐藏图像经双随机相位编码技术加密，获得加密图像，并将其实虚部按式（7.7）嵌入到扩幅后的宿主图像中，叠加权重 α 分别取 0.01、0.05、0.1，得到的融合图像分别如图 7.4（b）、（c）、（d）所示，其峰值信噪比分别为 47.22dB、33.24dB、27.22dB，（e）、（f）、（g）分别为相应的解密图像，其峰值信噪比分别为 19.06dB、32.94dB、38.94dB。

如图 7.5 所示给出了融合图像峰值信噪比和解密图像峰值信噪比随叠加权重 α 的变化曲线。该曲线图显示：解密图像的峰值信噪比随 α 的增大而增大，融合图像的峰值信噪比则逐步减小。图像隐藏的综合效果需对融合图像和解密图像的质量权衡考虑，从两个图像的 PSNR 曲线可以看出，当 α 在 0.05 附近时，该图像隐藏方法的综合效果最好。对不同的图像，叠加权重 α 的最佳取值不同，但是我们对大量图像的数值模拟结果表明，α 的最佳值应在 0.05 左右。

（a）扩幅后的宿主图像（b）$\alpha=0.01$ 融合图像（c）$\alpha=0.05$ 融合图像（d）$\alpha=0.1$ 融合图像

（e）$\alpha=0.01$ 解密图像　　（f）$\alpha=0.05$ 解密图像　　（g）$\alpha=0.1$ 解密图像

图 7.4　实虚部空间域叠加的隐藏和解密效果

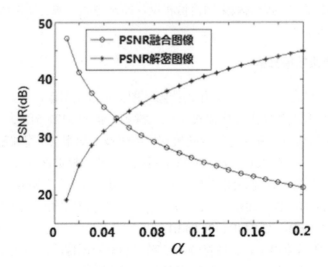

图 7.5　融合图像和解密图像的 PSNR 与 α 值的关系

7.3　基于 RSA 公钥密码体制的双随机相位编码信息隐藏方法

7.2 节提出的基于实虚部叠加的双随机相位编码信息隐藏方法，通过宿主图像的扩幅隐藏秘密信息，实现了复数加密图像的传递。但是该方法中秘密信息的提取，不可避免地受到叠加因子的影响。针对这个问题，有人提出了用正弦-余弦调制的信息隐藏的方法[127]，该方法消除了叠加因子对秘密信息提取的影响。但是他们只是将加密系统中的一个相位板经正弦-余弦调制后，隐藏到扩幅之后的宿主图像中并随其传输，而另一个相位板需作为私钥单独传输，大量密钥的传输为实际操作带来不便。此外，如果攻击者截获了作为私钥传输的相位板和隐藏有另一个相位板的宿主图像，并且知道该信息隐藏的方法，那么攻击者就很容易提取密钥并还原秘密信息，所以该方法存在一定的安全隐患。针对以上方法的不足，我们提出了一种利用迭代相位恢复算法和 RSA 密码体制进行信息隐藏的方法[120]。该方法将双随机相位编码技术和 RSA 公钥密码体制相结合，提高了安全性，实现了密钥和密文的同时传递，并且接收者也可以清晰地恢复秘密信息。

7.3.1　基于迭代相位恢复算法的图像变换

基于双随机相位编码系统，利用迭代相位恢复算法可实现图像变换，如图 7.6 所示，$f(x,y)$ 为输入图像，$g(x,y)$ 为一幅待隐藏的灰度图像。与双随机相位编码加密过程类似，当一束平行光垂直入射，使得 $f(x,y)$ 在受到紧贴其后的相位板 PM1：

$$\theta(x,y) = \exp\left[i2\pi\theta_0(x,y)\right] \qquad (7.9)$$

和放在频谱面上的相位板 PM2：

$$\varphi(u,v) = \exp\left[i2\pi\varphi_0(u,v)\right] \qquad (7.10)$$

的调制后，变换为待隐藏的图像 $g(x,y)$。$\theta_0(x,y)$ 和 $\varphi_0(u,v)$ 分别为空间域和傅里叶变换域的两个密钥函数，它们均在[0,1]区间上取值。从输入图像 $f(x,y)$ 到待隐藏图像 $g(x,y)$ 的变换过程如式（3.3）所示，即：

$$g(x,y) = FT^{-1}\left\{FT[f(x,y)\cdot\theta(x,y)]\cdot\varphi(u,v)\right\} \qquad (7.11)$$

若 $f(x,y)$ 和 $g(x,y)$ 都是我们选定的图像，那么实现两幅图像之间变换的过程，就是寻找能完成该变换的相位板的过程，这个问题可通过图像重建和相位恢复算法解决。目前，已有许多相位恢复算法[37-41,44]，在此我们采用级联相位恢复算法[41,44]。该算法是对 GS 算法的改进，主要是根据式（7.11）表示的正向变换及其对应的反向变换，在输入平面、频谱平面和输出平面之间进行来回迭代，以约束函数（输入图像 $f(x,y)$ 和输出图像 $g(x,y)$）对每次迭代过程中在输入和输出平面上得到的复函数作振幅调制。当一次迭代完成后，以在输入平面上得到的相位作为该平面上 PM1 的相位，以正、反向变换到频谱平面上得到的相位差，作为该平面上 PM2 的相位，然后进行下一次迭代，以此循环，直到满足评判标准。该方法具有收敛速度快、恢复图像清晰等特点。

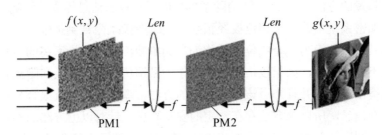

图 7.6　实现图像变换的双随机相位编码系统

7.3.2　信息隐藏的具体方法

该方法中我们选定一幅仅含八个灰度等级的图像作为输入图像，这样选择的具体原因将在 7.3.5 节中讨论。由以上叙述可知，输入图像 $f(x,y)$ 经两个相位板 $\theta(x,y)$ 和 $\varphi(u,v)$ 调制后，可变为待隐藏的灰度图像 $g(x,y)$。那么，对秘密图像 $g(x,y)$ 的隐藏，就可以用输入图像 $f(x,y)$ 和两个相位板 $\theta(x,y)$ 和 $\varphi(u,v)$（即密钥函数 $\theta_0(x,y)$ 和 $\varphi_0(u,v)$）的隐藏来代替。如图 7.7 所示为信息隐藏的流程图，其具体步骤如下：

（1）将仅含八个灰度等级的输入图像分解为三个位平面 $f_1(x,y)$、$f_2(x,y)$ 和 $f_3(x,y)$，然后用 RSA 公钥密码体制对这三个位平面按照式（6.1）进行加密，得到加密后的二值图像 $f_1'(x,y)$、$f_2'(x,y)$ 和 $f_3'(x,y)$。

（2）选取一幅与输入图像同样大小的宿主图像 $h(x,y)$，将其最低的三个位平面分别用步骤（1）中得到的三个二值图像替换，得到图像 $h'(x,y)$。

（3）将 $M \times N$ 大小的图像 $h'(x,y)$ 按照式（7.6）的规则，扩幅为 $2M \times 2N$ 大小的图像 $H(x,y)$，即有：

$$H(2m-1,2n-1)=h'(m,n)，\quad H(2m-1,2n)=h'(m,n)$$
$$H(2m,2n-1)=h'(m,n)，\quad H(2m,2n)=h'(m,n) \qquad （7.12）$$
$$m=1,2,3,\cdots,M，\quad n=1,2,3,\cdots,N$$

（4）将经正弦-余弦调制的其中一个密钥函数 $\theta_0(x,y)$ 和另一密钥函数

$\varphi_0(u,v)$ ，按下列规则叠加到 $H(x,y)$ 中，即：

$$H'(2m-1,2n-1) = H(2m-1,2n-1) + \alpha\cos(2\pi\theta_0(m,n))$$
$$H'(2m-1,2n) = H(2m-1,2n) + \alpha\sin(2\pi\theta_0(m,n))$$
$$H'(2m,2n-1) = H(2m,2n-1) + \alpha\varphi_0(m,n)$$
$$H'(2m,2n) = H(2m,2n) \tag{7.13}$$

式中，H' 为最终的融合图像；α 为叠加权重。

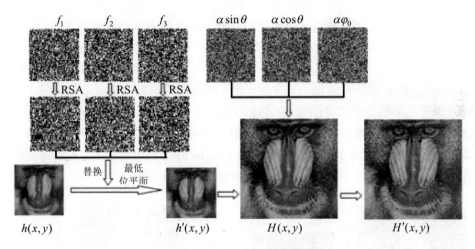

图 7.7　信息隐藏过程示意图

7.3.3　隐藏信息的提取和解密

隐藏信息的提取和解密过程是隐藏和加密的逆过程，如图 7.8 所示。首先，从融合图像 H' 中提取两个密钥函数 $\theta_0(x,y)$ 和 $\varphi_0(u,v)$ ，具体方法如下：

根据式（7.12）和式（7.13）得：

$$\alpha\cos(2\pi\theta_0(m,n)) = H'(2m-1,2n-1) - H'(2m,2n) \tag{7.14}$$
$$\alpha\sin(2\pi\theta_0(m,n)) = H'(2m,2n-1) - H'(2m,2n) \tag{7.15}$$
$$\alpha\varphi_0(m,n) = H'(2m-1,2n) - H'(2m,2n) \tag{7.16}$$

将式（7.14）和式（7.15）的结果分别作为实部和虚部，组成复数 A，即：

$$\begin{aligned}A(m,n) &= \left[H'(2m-1,2n-1) - H'(2m,2n)\right] + i\left[H'(2m,2n-1) - H'(2m,2n)\right]\\ &= \alpha\cos(2\pi\theta_0(m,n)) + i\alpha\sin(2\pi\theta_0(m,n))\\ &= \alpha\exp(i2\pi\theta_0(m,n))\end{aligned} \tag{7.17}$$

由式（7.17）可以得到输入平面上的密钥函数和叠加权重：

$$\theta_0(m,n) = \frac{angle(A(m,n))}{2\pi} \tag{7.18}$$

$$\alpha = abs(A) \tag{7.19}$$

式中，$angle()$ 表示求辐角；$abs()$ 表示取模。

由式（7.16）和式（7.19）可得频谱平面上的密钥函数为：

$$\varphi_0(m,n) = \frac{H'(2m,2n-1) - H'(2m,2n)}{abs(A)} \tag{7.20}$$

所以，该方法也能准确地提取密钥函数，消除叠加因子的影响。

未扩幅的图像 $h'(x,y)$ 也可以通过融合图像 H' 获得，即：

$$h'(m,n) = H'(2m,2n) \tag{7.21}$$

随后，提取图像 h' 最低的三个位平面，即为输入图像 $f(x,y)$ 的三个位平面经 RSA 加密之后的三个二值图像 f'。然后，用 RSA 密码体制的秘密密钥根据式（6.2）分别对三个二值图像解密，解密后的图像按顺序组合，便得到原输入图像 $f(x,y)$。最后，将 $f(x,y)$ 和两个密钥函数 $\theta_0(x,y)$ 和 $\varphi_0(u,v)$ 分别放入如图 7.6 所示的双随机相位编码系统，经平行光照射便可以得到秘密图像 $g(x,y)$。

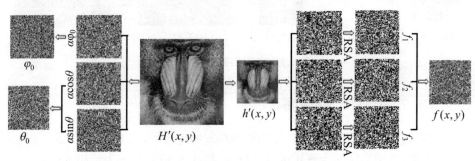

图 7.8　隐藏信息提取过程示意图

我们对秘密信息的隐藏和提取过程作了计算机模拟，结果如图 7.9 所示，（a）为待隐藏图像，（b）为扩幅后的宿主图像，（c）为融合图像，（d）为解密图像。为计算方便，用 RSA 密码体制对二值的位平面图像加密时，我们选择 $n = p \times q = 91593 \times 77041 = 5515596313$（实际应用中 p 和 q 通常选十进制数大于 10^{100} 的大素数），$e = 1757316971$，$d = 2674607171$。相位板是通过级联相位恢复算法做 100 次循环迭代得到的。由于该算法中叠加的信息为相位板的三角函数值 $\sin\theta$、$\cos\theta$ 以及相位函数 φ_0，它们均小于 1，因此，为了减少因数字图像的量化而引入的秘密信息的提取误差，应取大于 1 的数作为叠加权重 α，在此我们取 $\alpha = 20$。这样得到的融合图像的峰值信噪比（PSNR）为 27.24dB，解密图像的峰值信噪比为 31.22dB。

　（a）待隐藏图像　（b）扩幅后的宿主图像　（c）融合图像　（d）解密图像

图 7.9　数值模拟结果

　该方法采用 RSA 公钥密码体制，在保证安全的前提下实现了密文 $f(x, y)$ 和两个密钥函数随宿主图像的同时传输（从加密的角度讲，$f(x, y)$ 可认为是 $g(x, y)$ 的密文）。

7.3.4　安全性分析

1. 输入图像的选取

　如 3.4 节所述，双随机相位编码技术具有良好的扩散性能，即明文中每一个像素的信息都可扩散到密文所有像素的信息中，反过来说，密文中的每一个像素都携带了明文中所有像素的信息。正是因为双随机相位编码技术良好的扩散性能，使得仅用加密图像的部分信息便可恢复秘密图像，这也正是在该方法中我们不选择二值图像作为输入图像的原因，尽管选取二值图像可加快 RSA 的加密速度。这是因为若选择二值图像，攻击者提取密钥后只需用一个全 1 或全 0 的图像作为输入图像，便可恢复出带有噪声的秘密信息；同时为了保证隐藏信息的不可见性，我们选择只有八个灰度等级的图像作为输入图像。下面我们来具体分析这样选取的安全性。

　首先，我们用数值模拟实验来考察在双随机相位编码技术中，仅取密文的（该方法中为输入图像）1/2、1/4、1/8 信息做解密运算时的解密效果。如图 7.10（a）、（b）、（c）所示分别给出了输入图像被剪切掉 1/2、3/4、7/8 时的图像；（a1）、（b1）、（c1）分别为对应的解密图像，其峰值信噪比分别为 12.74dB、10.92dB 和 9.48dB。由此我们可以看到，用输入图像像素数的 1/2 能较好地恢复出秘密图像；用输入图像的 1/4 像素恢复出的秘密图像已经相当模糊，几乎已分辨不出秘密信息，所以在用输入图像的部分信息来恢复秘密图像时，采用的输入图像的像素数一般不能少于总像素数的 1/4；用输入图像的 1/8 像素恢复出的秘密图像类似于随机噪声，已完全分辨不出秘密信息，其峰值信噪比只有 9.48dB。

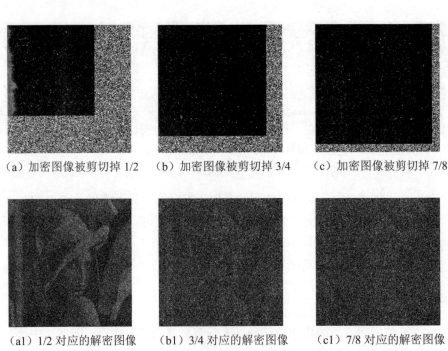

（a）加密图像被剪切掉 1/2　　（b）加密图像被剪切掉 3/4　　（c）加密图像被剪切掉 7/8

（a1）1/2 对应的解密图像　　（b1）3/4 对应的解密图像　　（c1）7/8 对应的解密图像

图 7.10　取输入图像部分信息的解密效果图

在攻击者知道了我们的信息隐藏方法的前提下，双随机相位编码系统中的两个相位板就很容易被提取。如果在该方法中选取一幅随机的二值图像作为输入图像，尽管 RSA 加密、解密数据量明显减少，但是攻击者随意选取一幅随机的二值图像就有大约 1/4 的像素与输入图像相同。更特殊地，如果攻击者选取一幅全 0 或全 1 的图像，那么在该图像中就有至少 1/2 的像素与输入图像相同，这样攻击者就不需要破解 RSA 密码，直接选取一幅全 0 或全 1 的图像作为输入图像，连同两个相位板一起放入双随机相位编码系统中，便能恢复出秘密图像。其数值模拟结果如图 7.11 所示，其中（a）为随机的二值输入图像，（b）为全 1 图像，（c）为解密图像。

如果我们选取一幅仅含八个灰度等级且像素值随机分布的图像作为输入图像，如图 7.12（a）所示，那么攻击者不论是随意选取一幅仅有八个灰度等级的图像，还是任取一个全 0、1、2、3、4、5、6 或 7 的图像作为输入图像，该图像都只有 1/8 的像素与原输入图像相同。攻击者仅用这 1/8 的信息去恢复秘密图像，其结果都是相当模糊的，与图 7.10（c1）的效果相似，几乎不能辨认原秘密图像的信息，实验结果如图 7.12（b）—（j）所示，其中，（b）为任取的一幅仅含八个灰度等级的图像作为输入图像恢复出的秘密图像，（c）—（j）分别为取全 0、1、

2、3、4、5、6、7 的图像作为输入图像时恢复出的秘密图像。

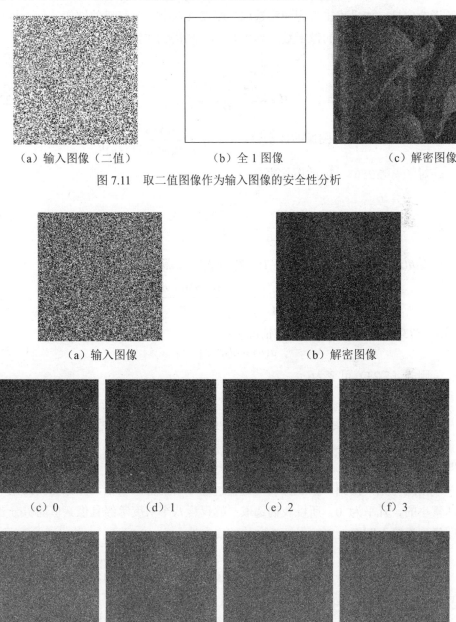

（a）输入图像（二值）　　　　（b）全 1 图像　　　　（c）解密图像

图 7.11　取二值图像作为输入图像的安全性分析

（a）输入图像　　　　　　　　（b）解密图像

（c）0　　　　（d）1　　　　（e）2　　　　（f）3

（g）4　　　　（h）5　　　　（i）6　　　　（j）7

图 7.12　取八个灰度等级图像作为输入图像的安全性分析

从图 7.10 可以看出，要想分辨出秘密图像的信息，至少应得到输入图像的 1/4 像素的信息。如果攻击者想随意选取一幅仅含八个灰度等级的图像，使其与输入图像具有相同灰度值的像素数达到 1/4，这种情况下的概率为：

$$P = \frac{\sum_{n=0}^{\frac{3}{4}M \times M} 7^n C_{M \times M}^n}{8^{M \times M}} \tag{7.22}$$

式中，$M \times M$ 为图像的像素数；$C_{M \times M}^n = \frac{(M \times M)!}{n!(M \times M - n)!}$ 为组合运算。

对于一幅 256×256 的图像来说：

$$P = \frac{\sum_{n=0}^{49152} 7^n C_{65536}^n}{8^{65536}} \tag{7.23}$$

令 $a(n) = 7^n C_{65536}^n$，则 $a(n-1) = 7^{n-1} C_{65536}^{n-1}$。那么，由

$$\frac{a(n)}{a(n-1)} = \frac{7^n C_{65536}^n}{7^{n-1} C_{65536}^{n-1}} = \frac{7(65536 - n + 1)}{n} > 1 \tag{7.24}$$

得 $n < 57345$，即在 $n < 57345$ 的情况下：

$$a(n) > a(n-1) \tag{7.25}$$

则式（7.23）可变为：

$$P = \frac{\sum_{n=0}^{49152} 7^n C_{65536}^n}{8^{65536}} < \frac{49153 * a(49152)}{8^{65536}} = 49153 * \left(\frac{7^{\frac{3}{4}}}{8}\right)^{65536} \quad C_{65536}^{49152} = 5.5 \times 10^{-1640}$$

即 $P < 5.5 \times 10^{-1640}$。

由此可见，找到一幅图像，使其有超过 1/4 的像素与输入图像相同的概率是非常小的，几乎为 0。所以我们选取一幅仅含八个灰度等级且像素值随机分布的图像作为输入图像，能够保证该方法的安全性。

2. 坚固性分析

下面我们来做计算机模拟实验，以说明该方法抗噪声和各种攻击的坚固性。与 7.3.4 节类似，在以下各实验中叠加因子 α 仍取 20。

第一个实验测试高斯白噪声对解密图像的影响。在融合图像的传输过程中，不可避免地会受到噪声的影响，这些噪声一般表现为高斯白噪声。实验结果如图 7.13 所示，（a）为加入均值为 0、方差为 0.5 的高斯白噪声后的融合图像，（b）为解密图像，峰值信噪比为 16.3dB。

（a）含噪声的融合图像　　　　　　　　　　（b）解密图像

图 7.13　带有高斯白噪声的融合图像和解密图像

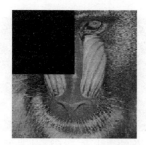

（a）被剪切 1/4 的融合图像　　　　　　　　（b）解密图像

图 7.14　抵抗剪切攻击的解密效果图

　　然后验证该方法抵抗剪切攻击的坚固性。在该方法中双随机相位编码技术的运用同样解决了 6.1.4 节分析的 RSA 密码体制扩散性能不足的问题。计算机模拟结果如图 7.14 所示，（a）为融合图像剪切 1/4 后的图像，（b）为解密图像。尽管解密图像存在一定噪声（PSNR = 13.2dB），但仍然是完整的。同时，RSA 公钥密码体制的应用，在保证安全的前提下，实现了密钥和密文的同时传递，解决了双随机相位编码技术需单独传递密钥的不足。该方法也是这两种加密体制的有效结合。

　　接下来测试对融合图像进行 JPEG 压缩后的解密效果。我们采用离散余弦变换（DCT）编码方法进行压缩，如图 7.15 所示（a）和（b）分别为保留原融合图像 90% 和 85% 信息时的压缩图像，（c）和（d）分别为对应的解密图像，峰值信噪比分别为 21.8dB 和 15.7dB。

　　最后测试通过维纳滤波和高斯低通滤波后的恢复效果。通过两种滤波时的窗口大小都取 3×3，如图 7.16 所示（a）和（b）分别为维纳滤波和高斯低通滤波后的融合图像，（c）和（d）为对应的解密图像，其 PSNR 分别为 15.4dB 和 12.9dB。

（a）压缩 10%的　　　（b）压缩 15%的　　　（c）解密图像　　　（d）解密图像
　　融合图像　　　　　　融合图像　　　　　　（90%）　　　　　　（85%）

图 7.15　JPEG 压缩后的融合图像和对应的解密图像

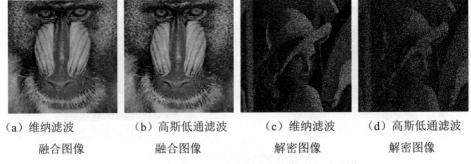

（a）维纳滤波　　　　（b）高斯低通滤波　　　（c）维纳滤波　　　（d）高斯低通滤波
　　融合图像　　　　　　融合图像　　　　　　解密图像　　　　　　解密图像

图 7.16　滤波之后的融合图像和对应的解密图像

7.4　基于光学干涉原理的信息隐藏方法

自从 Refregier 和 Javidi 提出双随机相位编码技术以来[17]，光学信息安全技术越来越引起人们的重视，众多研究人员也将目光投向了这一新兴的研究领域。随后，双随机相位编码技术从其傅里叶变换域进一步被推广到菲涅耳域[19,20]和分数傅里叶域[21]。然而，基于双随机相位编码的光学加密方法已不能抵抗目前已有的几种攻击技术[92-99]。针对这些攻击技术，研究者随后又提出了基于迭代相位恢复算法的光学加密技术[100-102]。这些方法都是基于光学衍射方法，通过多次迭代将秘密图像加密为两个相位板。

最近，Zhang 和 Wang 提出了一种基于光学干涉原理将一幅光学图像加密为两个随机相位板的新方法[69]。这种方法的优势是算法简单且无需迭代，极大地提高了加密效率。随后，众多研究者继续探索，推广并发展了这一技术[128-136]。例如，基于光学干涉原理，Han 和 Zhang 等提出了一种将一幅原始图像加密为两个随机模板（其中一幅为纯相位模板，另一幅为纯振幅模板）的方法[129]；Niu 等提出了一种基于多加密密钥的光学加密和安全认证方法[130]；Kumar 等提出了一种在会聚光随机辐照条件下的光学图像干涉加密方法[131]，随后他们又在此基础上发展了一种基于拼图变换方法的干涉加密方案[132]；Zhu 等提出了基于偏振波前干涉编码[133]和基于全息投影[134]的图像加密方法；对于彩色图像，Chen 和 Tay 等提出了两种分别基于 Arnold 变换[135]和虚拟光学[136]的干涉加密方法。上述所有方法都在一定程度上增强了基于光学干涉方法的图像加密技术的安全性，然而，这种加密技术的密钥仅为干涉装置中的几个物理参数，因此只要入侵者截获了加密图像，他们便可通过穷举攻击蛮力破解该加密算法。

作为信息安全的一个重要分支，信息隐藏技术也被广泛研究。为了确保秘密信息的传输不被察觉，并防止非授权用户读取秘密信息，在信息隐藏技术中，秘密图像通常先经过加密后再嵌入到宿主图像中。本节也基于光学干涉原理提出了一种信息隐藏方法[137]。在该方法中，通过两束相干光束的干涉可获得秘密图像，其中一束光经预先指定的宿主图像调制，另一束经被看作加密图像的类随机噪声复振幅模板调制。只有当宿主图像与加密图像匹配，才能获得秘密图像。然而，加密图像恰好可以隐藏在宿主图像中，从而实现秘密通信。在该方法中，加密和隐藏过程是通过数字方法实现的，而解密过程通过光学系统或数字方法都可实现。

7.4.1 秘密图像的加密和隐藏方法

1. 基于干涉原理的加密方法

基于光学干涉原理的加密系统如图 7.17 所示。

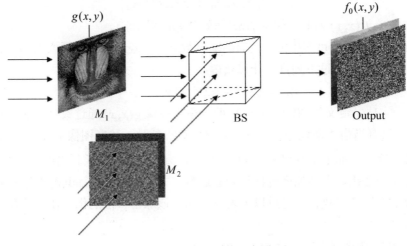

图 7.17 加密系统示意图

两模板 M_1 和 M_2 到输出平面的距离同为 l，两束相干平面波分别经 M_1 和 M_2 调制后，经分束镜（BS）组合到一起。这样，两束平面波在输出平面上相互干涉并产生干涉图样 $f(x,y)$。这一过程可以通过数学公式表述如下：

$$M_1 * h(x,y,\lambda,l) + M_2 * h(x,y,\lambda,l) = f(x,y) \tag{7.26}$$

其中：

$$h(x,y,\lambda,l) = \frac{\exp(i2\pi l/\lambda)}{il\lambda}\exp\left[\frac{i\pi}{l\lambda}(x^2+y^2)\right] \tag{7.27}$$

为菲涅耳变换的点脉冲函数，* 表示卷积运算，λ 为两条入射光束的波长。显然，$f(x,y)$ 为复函数分布。

根据卷积运算的性质，式（7.26）可以推导为：

$$M_1 + M_2 = FT^{-1}\left\{\frac{FT\{f(x,y)\}}{FT\{h(x,y,\lambda,l)\}}\right\} \tag{7.28}$$

式中，FT 和 FT^{-1} 分别为傅里叶变换和逆傅里叶变换。接下来，令式（7.28）右边为：

$$D = FT^{-1}\left\{\frac{FT\{f(x,y)\}}{FT\{h(x,y,\lambda,l)\}}\right\} \tag{7.29}$$

于是可得：

$$M_1 + M_2 = D \tag{7.30}$$

这里，通过在一幅实图像上附加随机相位因子预定义在输出平面上（如图 7.17 所示）的复函数 $f(x,y)$，即：

$$f(x,y) = f_0(x,y)\exp[i2\pi\,\text{rand}(x,y)] \tag{7.31}$$

式中，$f_0(x,y)$ 为非负的待加密图像（即秘密图像）。

rand(x,y) 函数可产生[0,1]之间的随机数分布。若选取宿主图像为 $g(x,y)$，则模板 M_1 和 M_2 可通过下列推导计算获得：

$$M_2 = D - M_1 = D - g(x,y) \tag{7.32}$$

这样，预先定义的图像 $f(x,y)$ 借助于宿主图像 $g(x,y)$ 通过数字方法加密为模板 M_2。只有当宿主图像 $g(x,y)$ 和模板 M_2 都匹配时，秘密图像 $f_0(x,y)$ 才能在解密系统的输出平面上呈现出来。这里，入射波长 λ 和两个模板到输出平面的距离 l 可作为加密密钥。上述加密过程只能通过数字方法实现，然而其解密过程通过光学和数字方法都可执行。通过以上表述可知，该加密方法的优点在于其算法简单且无需迭代。

2. 信息隐藏的具体方法

为了防止加密图像 M_2 在传输过程中被感知其通信的存在，我们采用了扩幅信息隐藏技术[125]，该隐藏方法如下：

首先根据式（7.33）将 $M \times N$ 大小的宿主图像 $g(x,y)$ 扩幅为 $2M \times 2N$ 的图像 $G(x,y)$，即有：

$$G(2m-1,2n-1) = g(m,n)，\quad G(2m-1,2n) = g(m,n)$$
$$G(2m,2n-1) = g(m,n)，\quad G(2m,2n) = g(m,n)$$
$$m = 1,2,3,\cdots,M，\quad n = 1,2,3,\cdots,N \tag{7.33}$$

明显地，根据式（7.33）原始宿主图像中的一个像素被扩展为相邻行和列的四个像素（如图 7.18 所示）。

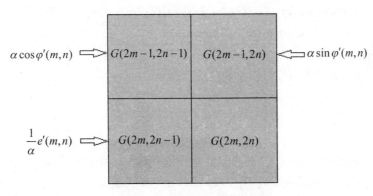

图 7.18　信息隐藏过程示意图

由式（7.32）可知，加密图像 M_2 为复图像，可以表示为：

$$M_2 = e(x,y)\exp[i\varphi(x,y)] \tag{7.34}$$

式中，$e(x,y)$ 和 $\varphi(x,y)$ 分别为 M_2 的振幅和相位。

为了增强信息隐藏技术的安全性，在隐藏加密图像 M_2 之前首先采用 RSA 公钥密码根据式（6.1）对其进行扰乱。RSA 公钥加密后的图像 M_2' 为：

$$M_2' = e'(x,y)\exp[i\varphi'(x,y)] \tag{7.35}$$

式中，$e'(x,y)$ 和 $\varphi'(x,y)$ 分别为 RSA 加密后图像 M_2' 的振幅和相位。

接下来，$e'(x,y)$ 和 $\varphi'(x,y)$ 分别按如下公式叠加到扩幅后的图像 $G(x,y)$ 中：

$$G'(2m-1,2n-1) = G(2m-1,2n-1) + \alpha\cos\varphi'(m,n)$$
$$G'(2m-1,2n) = G(2m-1,2n) + \alpha\sin\varphi'(m,n)$$
$$G'(2m,2n-1) = G(2m,2n-1) + \frac{1}{\alpha}e'(m,n)$$
$$G'(2m,2n) = G(2m,2n) \tag{7.36}$$

式中，$G'()$ 为融合图像；α 为叠加系数（常数）。

我们知道不可感知性和鲁棒性是信息隐藏技术的两个重要性质。不可感知意味着秘密数据的叠加不至于对宿主图像引起视觉感知的恶化，而鲁棒性主要表现在所提出的信息隐藏方法可抵抗剪切、加噪、滤波等攻击。由于 $\cos\varphi'(m,n)$ 和 $\sin\varphi'(m,n)$ 两项的数值分布在[0,1]之间，而大多数 $e'(m,n)$ 的值会超出这一范围，因此其叠加权重的取值是不同的，为了减少数据的传输，在式（7.36）中我们采用 $1/\alpha$ 作为 $e'(m,n)$ 的叠加权重。

3. 隐藏信息的提取和解密

隐藏信息的提取是隐藏的逆过程。首先，由式（7.33）和式（7.36）可根据如下公式组成复数 A，即：

$$A(m,n) = \left[G'(2m-1,2n-1) - G'(2m,2n)\right] + i\left[G'(2m-1,2n) - G'(2m,2n)\right]$$
$$= \alpha\cos\varphi'(m,n) + i\alpha\sin\varphi'(m,n)$$
$$= \alpha\exp(i\varphi'(m,n)) \quad （7.37）$$

由式（7.37）可得 M_2' 的相位和叠加权重 α：

$$\varphi'(m,n) = angle(A(m,n)) \qquad （7.38）$$

和

$$\alpha = abs(A) \qquad （7.39）$$

式中，$angle()$ 和 $abs()$ 分别为取辐角和取模运算。由此可得 M_2' 的振幅为：

$$e'(m,n) = abs(A)\left[G'(2m,2n-1) - G'(2m,2n)\right] \qquad （7.40）$$

这样，隐藏信息便可从融合图像中提取，并与式（7.40）得到的数据组成 M_2'：

$$M_2'(m,n) = e'(m,n)\exp(i\varphi'(m,n)) \qquad （7.41）$$

根据式（6.2）对 $e'(m,n)$ 和 $\varphi'(x,y)$ 进行 RSA 公钥密码解密，从而获取 M_2。

根据式（7.39）可知，叠加权重无需传输，未扩幅的宿主图像也可通过下式从融合图像复原：

$$g(m,n) = G'(2m,2n) \qquad （7.42）$$

接下来的解密过程可通过光学或数字方法执行。依据光学方法，只要将 M_2 和宿主图像 $g(x,y)$ 分别放置在如图 7.17 所示的干涉系统的相应位置，通过相应波长的入射光照射，在该系统的输出平面上即可获得秘密图像 $f_0(x,y)$。对于数字方法，需要获取加密系统参数，包括入射波长 λ 和衍射距离 l，以及上述公式获得的隐藏信息，进行相应的逆运算也可以获得秘密图像 $f_0(x,y)$。这里，干涉系统参数 (λ,l) 也可以作为附加密钥，增强系统的安全性，它们可作为私钥进行传输。

7.4.2 隐藏效果及性能测试

1. 算法性能仿真

下面我们通过计算机仿真来验证所提出方法的可行性，并测试该算法的性能。

仿真中，我们采用 256×256 大小的飞机和狒狒图像分别作为秘密图像和宿主图像（如图 7.19（a）和（b）所示），其中每个像素的大小取为 10μm ×10μm，入射波长 $\lambda = 632.8\,\text{nm}$，衍射距离 $l = 0.2\,\text{m}$。这样，通过上述数据获得的加密图像 M_2 的振幅和相位如图 7.19（c）和（d）所示，结果显示两幅图像类似于随机白噪声。

（a）秘密图像　　　（b）宿主图像　　（c）加密图像的振幅　　（d）加密图像的相位

图 7.19　算法性能仿真

为了说明所提出方法的性能，我们采用信噪比（SNR）来衡量融合图像和解密图像的清晰度：

$$SNR = 10\log_{10}\left\{ \frac{\sum_{m=1}^{M}\sum_{n=1}^{N}[h(m,n)]^2}{\sum_{m=1}^{M}\sum_{n=1}^{N}[h'(m,n)-h(m,n)]^2} \right\} \tag{7.43}$$

式中，h 为原始的秘密图像或扩幅后的宿主图像；h' 为解密图像或融合图像；M 和 N 分别为图像的行和列。

现在，我们来测试该方法的隐藏和解密效果。在不影响测试效果的前提下，我们选取了一些数值较小的加密、解密密钥作为 RSA 公钥密码的参数，例如，这里我们选取 $n = p\times q = 91593\times 77041 = 5515596313$，$e = 1757316971$，并且 $d = 2674607171$，其中叠加权重 α 取为 20。如图 7.20 所示（a）为扩幅后的宿主图像，（b）为融合图像，其信噪比为 20.6 dB。所有密钥都正确时，获得的解密图像如图 7.20（c）所示，其信噪比为 21.9dB。

（a）扩幅后的宿主图像　　　　（b）融合图像　　　　（c）解密图像

图 7.20　隐藏和解密效果图

2. 鲁棒性能测试

下面进行了一系列计算机仿真实验，测试了该方法的鲁棒性能。在这些实验中，取叠加权重 α 为 20。

首先，我们来测试该算法抵抗剪切攻击的能力。如图 7.21 所示（a）为融合图像被剪切掉 1/8 后的图像，相应的解密图像如图 7.21（b）所示，其信噪比 SNR = 8.9dB。从仿真结果可以看出，尽管其解密图像带有一定噪声，但是解密出的秘密图像仍然是完整的，并没有因为融合图像的剪切而丢失信息。

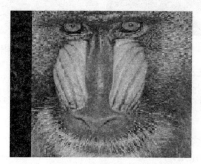 

（a）融合图像被剪切掉 1/8　　　　　　（b）对应的解密图像

图 7.21　抗剪切能力效果图

接下来，我们来测试该算法的抗噪能力。如图 7.22（a）所示的是加入均值为 0、方差为 0.5 的高斯白噪声后的融合图像，其解密图像如图 7.22（b）所示，其信噪比 SNR = 10.6dB。

（a）加入高斯白噪声的融合图像　　　　　（b）对应的解密图像

图7.22　抗噪能力效果图

最后一个实验，我们来测试算法抵抗高斯低通滤波的能力，仿真结果如图 7.23 所示，（a）为滤波后的融合图像，（b）为解密图像，其信噪比为 SNR = 10.2dB。尽管解密图像含有较大噪声，但秘密图像仍是完整可见的。

（a）高斯低通滤波后的融合图像　　　　　（b）对应的解密图像

图7.23　抵抗滤波攻击的效果图

3. 安全性能分析

信息隐藏的目的是确保秘密信息在传输过程中不被感知，进而防止非授权用户非法读取。然而，在有些情况下融合图像 G' 有可能被攻击者拦截，其中隐藏的秘密信息 M_1 和 M_2' 便很容易被从中提取。但是由于 RSA 公钥密码体制的使用，使得攻击者很难进一步获取加密图像 M_2。此外，入射波长和衍射距离也可以在一定程度上保护秘密信息不被非授权用户读取。这里，我们通过计算机仿真模拟了入射波长 λ 和衍射距离 l 存在偏差对解密图像信噪比的影响，相应的仿真结果如图 7.24（a）和（b）所示。只有当入射波长 λ 和衍射距离 l 正确时，信噪比达到极值，而错误的参数导致解密图像具有极小的信噪比。由仿真结果可知，波长的敏感性在 $10^{-2}\,\mathrm{nm}$ 量级，而衍射距离的敏感性为 $2\,\mu\mathrm{m}$。

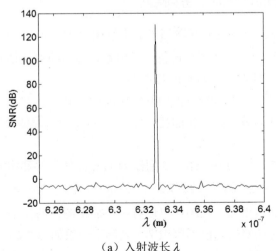

（a）入射波长 λ

图 7.24　解密图像信噪比随 λ 和 l 变化的曲线图

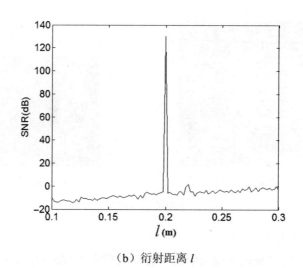

（b）衍射距离 l

图 7.24　解密图像信噪比随 λ 和 l 变化的曲线图（续图）

由算法描述可知，图像 M_2 已为加密图像，为何在该算法中还要采用 RSA 公钥密码对其进行进一步加密呢？原因在于 RSA 公钥密码的使用能为算法中密钥的管理和分配带来方便。在 RSA 公钥密码中存在两个相互分立的密钥（公钥和私钥）分别用来加密和解密。其中公钥对所有用户公开，而私钥仅为授权用户拥有，是保密的。这样在加密图像的传输过程中，密钥无需传输。因此，RSA 公钥密码的使用并没有为该算法带来需要传输的额外密钥。

7.4.3　两幅图像的同时加密和隐藏

根据式（7.31）可以看到在输出平面上复图像 $f(x, y)$ 的相位为随机函数。如果将该随机函数用另一秘密图像代替，采用本章提出的方法便可实现两幅图像的同时加密和隐藏。因此，将 $f(x, y)$ 替换为：

$$f(x, y) = f_0(x, y) \exp[i2\pi p(x, y)] \tag{7.44}$$

式中，$p(x, y)$ 为另一归一化的秘密图像。所有加密、隐藏和提取过程都与 7.3 节所描述的一致。

我们仍取图 7.19（a）和（b）分别作为 $f(x, y)$ 的振幅和宿主图像，另外一幅作为 $f(x, y)$ 相位的秘密图像如图 7.25（a）所示，图 7.25（b）和（c）分别为加密图像 $M2$ 的振幅和相位。从图像可以看出，加密图像的振幅和相位都不再为随机白噪声，但是其秘密信息已不可识别。其解密图像如图 7.25（d）和（e）所示，在两幅图像之间没有任何串扰。

（a）另一幅秘密图像

（b）加密图像的振幅

（c）加密图像的相位

（d）解密图像的振幅

（e）解密图像的相位

图 7.25　两幅图像同时加密、解密效果图

7.5　本章小结

本章首先分析了基于双随机相位编码技术的信息隐藏方法，提出了借助图像复原技术提取秘密信息的方法，该方法对于任意频谱分布的宿主图像都是有效的，数值模拟结果也验证了该方法的可行性；然后，回顾了实虚部空域叠加的双随机相位编码信息隐藏方法，并针对该方法的缺点，提出了一种基于双随机相位编码技术和 RSA 公钥密码体制的信息隐藏方法，该方法同样是这两种加密技术的有效结合，也是对 6.2 节中方法的改进，即双随机相位编码技术的应用，弥补了 RSA 加密技术扩散性能不足的缺点，而 RSA 公钥密码体制应用又弥补了双随机相位编码技术需单独传递密钥的不足；并且利用该方法的解密图像更加清晰，密钥的传输也更加隐蔽；另外，我们也分析了该方法的安全性，并模拟了该方法的坚固性，结果显示融合图像存在加性噪声、被剪切掉部分信息、经 JPEG 压缩和滤波等情况下仍能提取隐藏信息，恢复秘密图像。

第 8 章 随机相位编码信息隐藏检测技术

随着以互联网为代表的信息技术的普及应用,信息的安全保护问题日益突出。作为信息安全技术的主要分支之一,信息隐藏技术将秘密信息嵌入公开数据载体中,隐藏了信息的存在。信息隐藏在增强通信安全的同时,也向信息安全监管提出了新的挑战。因此,作为其反向攻击技术,信息隐藏检测技术(又叫密写分析)的研究受到科研人员的普遍重视。信息隐藏检测的目的在于揭示载体中隐蔽信息的存在性,甚至只是指出载体中存在秘密信息的可疑性,或者通过对隐藏对象的处理,达到破坏嵌入信息和阻止信息提取的目的。

自 1995 年 Javidi 等提出双随机相位编码技术以来,不断有新的光学信息安全系统被提出,同样,基于双随机相位编码的信息隐藏技术也吸引了越来越多科研人员的目光。然而,目前对双随机相位编码信息隐藏的检测方法却少见报道,本章我们利用自然图像在较低位平面的不同区域中各像素之间存在一定相关性的特点,建立数学模型,提出了针对双随机相位编码信息隐藏技术的检测方法[138];最后,我们对 Sang 等提出的针对实虚部空间域叠加信息隐藏技术的检测方法作了简单介绍[139]。

8.1 信息隐藏检测技术

信息隐藏检测又叫密写分析,通常是指在不修改待测数据的前提下发现、估计甚至破解待测数据中可能隐藏的秘密信息的技术,也叫被动密写分析[14]。设在被动密写分析情况下,载体数据和含密数据的统计分布分别为 P_C 和 P_S,两分布的距离为 $D(P_C \| P_S)$,则当满足 $D(P_C \| P_S) = 0$ 时,该信息隐藏方法是绝对安全的,当满足 $D(P_C \| P_S) \leqslant \varepsilon$ 时,该信息隐藏方法是 ε 安全的。以此定义为理论依据,近年来,众多国内外学者设计了许多被动密写分析方法,大体可分为通用性分析和针对性分析两类。

通用性密写分析又被称为"盲密写分析"[14],一般先建立高维统计特征空间,再通过对载体数据和含密数据建立模式分类器,进而用此分类器判决待测数据是否含有秘密信息。其实质是在高维特征空间下建立载体数据分布 P_C 和含密数据分布 P_S 的模型。此类方法所用统计特征的通用性较强,对于不同隐藏方法的判决问题，仅需更换样本重新建立二元分类器，但是一旦确定分类器参数，通用性分析将仅能针对特定信息隐藏方法，判别待测数据是否含有秘密信息。

如果选用的统计特征针对某种信息隐藏方法的隐藏信息足够敏感，则针对此隐藏方法，可以进一步设计能估计待测数据内秘密信息量的针对性分析方法。此类方法一般先对隐藏信息和统计特征变化的可预测关系建立数学模型，再通过一些极值条件来确定数学模型的参数，进而通过计算待测数据的统计特征量来判断待测数据中是否嵌入秘密信息。针对性分析的准确性较高，因此，在进行密写分析之前预先判断待测数据所使用的隐藏方法是十分必要的。

8.2　基于统计假设检验的信息隐藏检测技术

本节提出的双随机相位编码信息隐藏检测技术，是针对图像位平面的特点进行检测的，因此我们先介绍一下宿主图像和融合图像位平面的特点。

8.2.1　宿主图像与融合图像的位平面

我们分别取 Lena 和 Cameraman 为待隐藏图像和宿主图像。首先将待隐藏图像用双随机相位编码技术加密，然后按照 7.1.1 节中介绍的方法叠加到宿主图像中，不失一般性，我们取叠加权重 a =0.03，此时，融合图像的峰值信噪比为 41.6dB。宿主图像和融合图像如图 8.1 所示。

（a）宿主图像　　　　　　　　　　（b）融合图像

图 8.1　双随机相位编码信息隐藏结果

我们知道一幅 256 等级的灰度图像中的每一个像素，都可以用 8bit 二进制数表示，因此，对于一幅 256 等级的灰度图像都可以分解为 8 个位平面[124]，分别为从最高位的第 7 位平面到最低位的第 0 位平面。我们以宿主图像 Cameraman 为例，其 8 个位平面如图 8.2 所示。

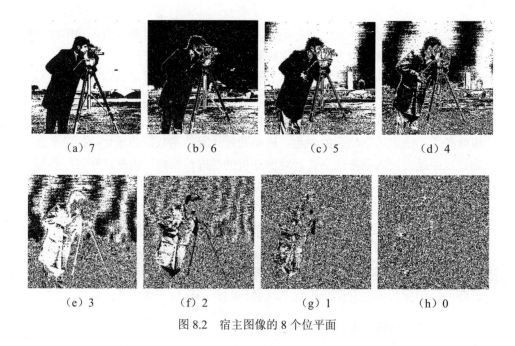

（a）7　　　　（b）6　　　　（c）5　　　　（d）4

（e）3　　　　（f）2　　　　（g）1　　　　（h）0

图 8.2　宿主图像的 8 个位平面

　　我们可以从图 8.2 中发现位平面的两个特点：第一，从第 7 个位平面到第 0 个位平面随机性逐渐增强，但是对于自然图像，即使在最低的位平面中，部分区域相邻像素间依然存在一定的相关性；第二，倘若在较高位平面中像素的灰度值是随机的，在其相邻的较低位平面中相应位置的像素值也是随机的。

　　融合图像的 8 个位平面如图 8.3 所示。比较图 8.2 和图 8.3 可以看出，由于秘密信息的叠加，融合图像的较低位平面呈现出较强的随机性，而较高位平面（特别是较高的四个位平面）受到的影响较小。

（a）7　　　　（b）6　　　　（c）5　　　　（d）4

图 8.3　融合图像的 8 个位平面

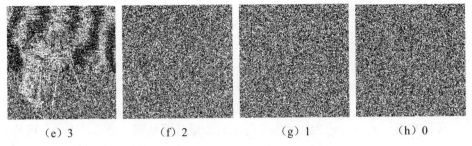

（e）3　　　　　　（f）2　　　　　　（g）1　　　　　　（h）0

图 8.3　融合图像的 8 个位平面（续图）

根据以上介绍的宿主图像和融合图像位平面的特点，以及 7.1 节分析的双随机相位编码信息隐藏的特定方法，我们提出如下信息隐藏检测算法：首先假定待检测的图像中隐藏了秘密信息，使得该图像的较低位平面像素间具有较高的随机性，然后建立自相关检测统计量，计算各窗口的自相关值，对得到的区域自相关值做 t 检验[140]，最终得出该幅图像的含密可信度。

8.2.2　算法推导

该方法的主要思想是：对待测图像的最低位平面做统计假设检验，如果检验结果表明最低位平面呈现较高的随机性，即怀疑检测图像中隐藏有秘密信息；否则，认为检测图像中没有秘密信息。其定量的评判标准表述如下：

首先，我们假定待检测图像的位平面具有较高的随机性，该位平面各像素的灰度值服从均匀分布[140]。因此，该位平面中灰度值为 0 和 1 的概率都为 1/2，由此可以推导出如下结论：

$$p(r_i = 0) = \frac{1}{2}, \quad p(r_i = 1) = \frac{1}{2} \Rightarrow$$

$$p(r_i^2 = 0) = \frac{1}{2}, \quad p(r_i^2 = 1) = \frac{1}{2} \Rightarrow$$

$$E(r_i) = \frac{1}{2}, \quad E(r_i^2) = \frac{1}{2} \Rightarrow \tag{8.1}$$

$$D(r_i) = E(r_i^2) - \left[E(r_i)\right]^2 = \frac{1}{4}$$

$$p_0 = p(r_i \oplus r_j = 0) = \frac{1}{2}, \quad p_1 = p(r_i \oplus r_j = 1) = \frac{1}{2} \Rightarrow$$

$$E(r_i \oplus r_j) = \frac{1}{2}$$

式中，r_i 和 r_j 分别为待检测位平面上第 i 个和第 j 个像素的灰度值；$p()$ 为概率；$E()$ 为数学期望；$D()$ 为方差；$\oplus$ 为异或运算。

然后，设待检测图像的大小为 $w \times h$，W 是待检测图像位平面中大小为 $c \times c$ 的任一窗口，窗口 W 定义如下：

$$W = \left\{ (x_i, y_j) \mid x_p \leqslant x_i \leqslant x_{p+c}, y_q \leqslant y_j \leqslant y_{q+c} \right\} \quad (8.2)$$
$$p \in (1, w-c+1), \quad q \in (1, h-c+1)$$

对单个窗口进行顺序扫描，得到各像素的灰度值 $r_1, r_2, \cdots, r_n$，n 为序列的长度。根据假设 $r_1, r_2, \cdots, r_n$ 为相互独立的随机变量且服从同一分布，因此，可建立一个一维统计变量 T，来衡量一个窗口中各像素之间的相关性，该统计变量 T 表示为：

$$T = \frac{E\left(\sum\limits_{i=1}^{n-d} r_i\right) - \sum\limits_{i=1}^{n-d} r_i \oplus r_{i+d}}{\sqrt{D\left(\sum\limits_{i=1}^{n-d} r_i\right)}} = \frac{\dfrac{n-d}{2} - \sum\limits_{i=1}^{n-d} r_i \oplus r_{i+d}}{\dfrac{1}{2}\sqrt{n-d}} = \frac{2}{\sqrt{n-d}}\left(\frac{n-d}{2} - \sum\limits_{i=1}^{n-d} r_i \oplus r_{i+d}\right)$$

$$(8.3)$$

式中，d 为异或运算的距离，即 r_i 和 r_{i+d} 两像素之间的距离；T 度量了在窗口 W 中位移为 d 时像素之间的相关性。

由于每个窗口都能得到一个反映像素间相关水平的统计量 T，所以经上述过程后，得到一组反映图像最低位平面的不同区域像素间相关水平的统计样本（设待检验位平面中有 M 个窗口）：

$$T_A = \left\{ T_i \mid T_1, T_2, \cdots, T_M \right\} \quad (8.4)$$
$$M = (w-c+1) \times (h-c+1)$$

由同分布的中心极限定理[140]，当 $n-d \to \infty$ 时，T 渐进服从 $N(0,1)$ 分布。

最后，对序列 T_A 进行统计检验。因为总体的方差未知，所以我们选择 t 检验作为判断图像的最低位平面像素间是否存在相关性的定量评判标准[140]，即：

$$t = \frac{\mu - \mu_0}{S/\sqrt{M}} \sim t(M-1) \quad (8.5)$$

式中，μ 为序列 T_A 的平均值；μ_0 为序列 T_A 服从正态分布时的平均值，$\mu_0 = 0$；S 为样本标准差的无偏估计[140]；$t()$ 为 t 分布。

在给定显著水平 α 下，根据 t 的值进行决策：

H_0：$\mu = \mu_0 = 0$，被检测的图像含有秘密信息

H_1：$\mu \neq \mu_0 = 0$，被检测的图像不含秘密信息

该检验是一个双边检验，即若有：

$$|t| \geqslant t_{\frac{\alpha}{2}}(M-1) \quad (8.6)$$

则拒绝 H_0；否则，接受 H_0。

8.2.3 算法分析

由 7.2.2 节的推导可以看出，该算法的主要思路是：在待检测图像的较低位平面中划分许多窗口，并建立反映每个窗口中像素之间相关性的统计变量，以统计变量的值来衡量整个位平面中像素之间的相关性，最后对所有窗口的统计变量值做 t 检验，以检验结果来判断待测图像中是否含有秘密信息。当然，也可以不用划分窗口的方法，直接对图像的整个较低位平面进行统计计算，但是这样显然将降低计算的统计变量值，也不能真实反映图像像素间的相关水平，尤其对于那些相关性较强、区域较分散的图像来说更是如此。而采用了划分窗口的方法后，实际上相当于将图像各区域像素之间的相关性从整体中独立出来，起到了放大作用，这样也就能提高检测的精度。

8.2.4 光学实现

从 7.2.2 节提出的信息隐藏检测方法中可以看到，式（8.3）中的异或运算是最耗时的。由于光学具有天然的并行、高速数据处理能力，为了提高该方法的检测速度，这里我们设计了一套可实现异或运算的光电系统来检测隐藏信息。该系统如图 8.4 所示。

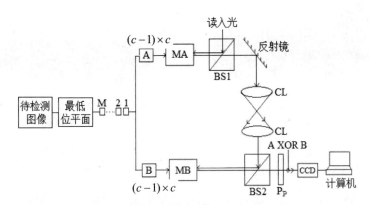

图 8.4 实现异或运算的光电系统示意图

首先，待检测图像的最低位平面被划分为 $c \times c$ 大小的 M 个窗口；然后，每个窗口的前 $c-1$ 行组成图像 A，后 $c-1$ 行组成图像 B（在该方法中我们取异或运算的位移量为 $d = c$）。两个图像 A 和 B 的异或运算可以通过空间光调制器（Spatial Light Modulator）对偏振光的调制来实现[141]。异或运算的光学实现原理，在文献

[141]中有非常详细的叙述。最后，异或运算的结果被输入计算机作进一步处理。在图 7.4 中，*MA* 和 *MB* 为两个空间光调制器，*BS* 为分光镜，*CL* 为透镜，P_p 为偏振片，读入光为 *S* 偏振光。

8.2.5 检测结果分析

在此，我们对 256×256 大小的融合图像和宿主图像的较低位平面分别做 *t* 检验。首先，计算两个图像的最低位平面中各窗口的统计变量值。选取窗口的大小为 $W = 16 \times 16$，位移为 $d = 16$，将得到的各窗口的统计变量值绘制曲线图，如图 8.5 所示，横轴表示窗口，纵轴表示对应窗口的统计变量值。

虽然从视觉上看，宿主图像的最低位平面具有较强的随机性，如图 8.2（h）所示，但是从如图 8.5 所示的统计结果可以看出，在宿主图像最低位平面某些区域的统计变量表现出较高的峰值。而且，我们可以通过统计假设检验的计算结果判断：在给定显著水平 $\alpha = 0.05$ 时，对宿主图像和融合图像的第 0 位平面各窗口的统计变量值分别做 *t* 检验。

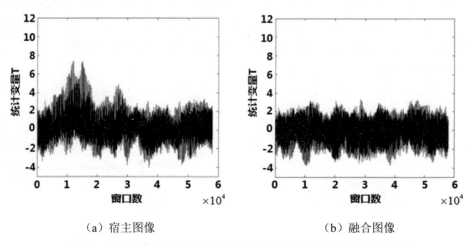

（a）宿主图像　　　　　　　　　　　　（b）融合图像

图 8.5　宿主图像和融合图像第 0 位平面各窗口统计变量值的曲线图

对宿主图像的第 0 位平面各窗口的统计量 T_A 做 *t* 检验，结果显示：

$$|t| = 17.58 > t_{0.025}(M - 1) = 1.96 \qquad (8.7)$$

式中，$M = 58081$ 为窗口数。

当 $M - 1 > 45$ 时，有：

$$t_{0.025}(M - 1) \approx z_{0.025} \qquad (8.8)$$

式中，$z_{0.025}$ 为在显著水平 $\alpha = 0.025$ 时正态分布上的 α 分位点[140]。从参考文

献[140]附表中可以查得 $t_{0.025}(M-1) \approx z_{0.025} = 1.96$。所以，检验结果落在接受域之外。根据式（8.6）可以拒绝 H_0，接受 H_1，即被检验图像中不含秘密信息。

同样，对融合图像的第 0 位平面各窗口的统计量做 t 检验，结果显示：

$$|t| = 0.79 < t_{0.025}(M-1) = 1.96 \tag{8.9}$$

检验结果落在接受域内。根据式（8.6）可以接受 H_0，即被检验图像含秘密信息。

当然，对不同的图像，$|t|$ 是各不相同的。为了验证该方法的有效性，我们对 JHH 图像库中的前 4000 幅 128×192 大小的图像做了数值模拟实验[142]。首先，我们将不同的秘密图像经双随机相位编码技术加密后，按 7.1 节所述方法叠加到前 2000 幅图像中，叠加权重取 0.03。而后 2000 幅图像中不含秘密信息，对上述 2000 幅融合图像和自然图像最低位平面的检测结果如图 8.6 所示。

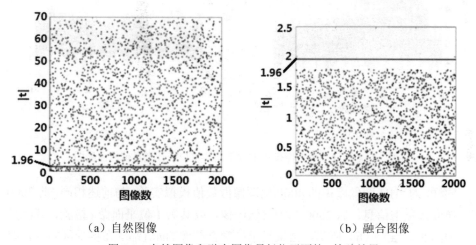

（a）自然图像　　　　　　　　　　　（b）融合图像

图 8.6　自然图像和融合图像最低位平面的 t 检验结果

从图 8.6 中可以看出，所有含密图像（即融合图像）的检测结果都在接受域中，即 $|t| < 1.96$；而对于自然图像，大多数图像的检测结果落在接受域外，但是仍有 248 幅检测结果小于 1.96，也就是说，虚警率为 12.4%。这是因为少数自然图像的最低位平面也具有较强的随机性。为了解决这个问题，考虑到自然图像位平面的特点，即第 1 位平面中的像素之间较第 0 位平面有较强的相关性。所以可以对图像的第 1 位平面进行检测，以减小虚警率。

如图 8.7 所示（a）、（b）分别为宿主图像和融合图像的第 1 位平面统计变量值的曲线图。从比较图 8.7 和图 8.5 可以看出，宿主图像的第 1 位平面较第 0 位平面部分区域像素间的相关性明显增强。而融合图像的第 1 位平面和第 0 位平面像素间的统计变量值并没有明显变化，即融合图像的第 1 位平面仍具有较强的随机性。我们对宿主图像和融合图像的第 1 位平面各窗口的统计变量值分别做 t 检验，结果如下：

宿主图像第 1 位平面：$|t| = 69.65 > t_{0.025}(M-1) = 1.96$ $\Rightarrow$ 被检验图像不含秘密信息

融合图像第 1 位平面：$|t| = 1.49 < t_{0.025}(M-1) = 1.96$ $\Rightarrow$ 被检验图像含秘密信息

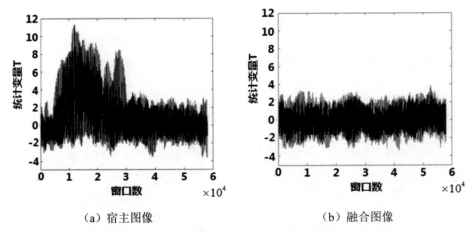

（a）宿主图像 （b）融合图像

图 8.7　宿主图像和融合图像第 1 位平面各窗口统计变量值的曲线图

同样，对 JHH 图像库中的 4000 幅图像做数值模拟实验，与前述相同，前 2000 幅图像嵌入秘密信息，后 2000 幅为自然图像，取其第 1 位平面做 t 检验，其结果分别如图 8.8（a）、（b）所示。结果显示：融合图像的 $|t|$ 值都落在接受区间内，即没有漏检，但是仍有一部分自然图像的检测结果也在接受区间内，但是数量明显减少，只有 76 幅，虚警率仅为 3.8%。

该方法虽然具有一定的虚警率，不能准确地确定某幅图像中是否含有隐藏信息，但是它可以指出某幅图像的可疑性，并可以极大地缩小被检测图像的范围，并且无漏检情况。对于自然灰度图像，由于其第 1 位平面一般较第 0 位平面像素间有较强的相关性，所以，对于 7.1 节所述的用双随机相位编码技术进行空域叠加的信息隐藏方法，可直接检测图像的第 1 位平面，以提高检测的准确性，减小虚警率。

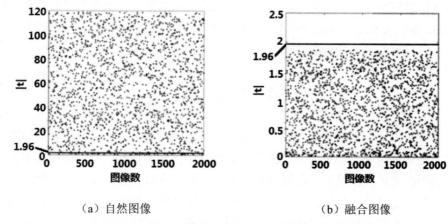

（a）自然图像　　　　　　　　　　（b）融合图像

图 8.8　自然图像和融合图像第 1 位平面的 t 检验结果

8.3　对实虚部叠加的信息隐藏方法的检测技术

在 7.2 节中曾提及的实虚部叠加的信息隐藏方法，通过适当调节叠加权重 α，可较好地确保融合图像和解密图像的质量，达到隐蔽通信的目的。该方法也引起了众多研究者的重视，并由此延伸出了一些性能优良的信息隐藏方法。但是，该方法存在一定的缺陷，最近 Sang 等针对该缺陷提出了一种有效的检测方法[139]，可轻易判断图像中是否含有秘密信息。下面我们简单介绍一下该检测方法。

对于一幅 $2M \times 2N$ 的融合图像 H'，如式（7.7）所示，将其从上到下、从左到右划分为互不重叠的 2×2 大小的窗口，并定义变量 Δ：

$$\Delta(m,n) = \left[H'(2m-1,2n-1) + H'(2m,2n)\right] - \left[H'(2m-1,2n) + H'(2m,2n-1)\right] \quad （8.10）$$

$$m = 0,1,2,\cdots,M-1, \quad n = 0,1,2,\cdots,N-1$$

根据式（7.6）和式（7.7），融合图像的 $\Delta(m,n)$ 值应等于 0，但是对于一幅没有隐藏信息的自然图像，大多数 $\Delta(m,n)$ 值通常不为 0。根据这个特点，我们建立如下变量：

$$ratio = \frac{\text{等于0的}\Delta(m,n)\text{的个数}}{M \times N} \times 100\% \quad （8.11）$$

由此我们可以看出，理论上融合图像的 $ratio$ 值等于 100%。由于运算误差，$ratio$ 值可能不等于 100%，但是应非常接近于 100%，将远大于未隐藏信息的自然图像计算出的 $ratio$ 值。如果预先设定一个阈值，当被检测图像的 $ratio$ 值大于该阈值时，认为该图像中含有秘密信息；反之，该图像中没有隐藏秘密信息，由此作为隐藏信息存在性的检测依据，可准确判断被检测图像中是否含有秘密信息。针对 Zhou 等提出的这一方法的缺陷，我们在 7.3 节提出的信息隐藏方法中对其作了修正，可有效抵制这种检测方法。

8.4 本章小结

本章提出了一种基于统计假设检验的信息隐藏检测方法。首先，将待检测的灰度图像分解为 8 个位平面，假设待检测图像中隐藏了秘密信息，使得较低位平面有较强的随机性；然后，在被检测位平面中划分窗口，建立统计量，并计算各窗口的统计变量值；最后，对各窗口的统计变量值做 t 检验，从而判断被检测图像中是否含有秘密信息。该算法的优点是：第一，运用建立的统计变量，合理度量了图像位平面中像素间的相关性；第二，通过设立窗口的形式，将图像的位平面分成众多区域，对这些区域进行统计计算，从而得到各区域的统计变量值，以此来衡量整个位平面像素之间的相关性，这种将图像各区域像素之间的相关性从整体中独立出来的方法，实际上起到了放大的作用，因而也能更细致地衡量待检验位平面中像素间的相关性；第三，运用统计的方法进行检验，使得该方法具有较高的可信度。最后通过实验验证，针对双随机相位编码信息隐藏技术，该算法可有效判断被检测图像中隐藏信息是否存在或可疑。

第9章　基于随机相位编码系统的安全认证技术

在介绍一些典型的图像认证方案之前，有必要区分一下加密和认证的基本概念。一般而言，加密的目的是为了保护秘密信息的机密性，防止信息被攻击者读出。以图像加密为例，几乎所有的光学图像加密方案最后生成的密文都是类噪声图像，不相关的用户无法从中识别出原始图像，从而保护秘密信息机密性的目的达到。认证的目的则是为了保护信息的完整性以及真实性，如图像在传输过程中是否受损、是否被修改等。在真实的应用（如身份认证）中，由于图像的保密性、完整性以及真实性等往往需要兼顾，因此加密和认证经常同时进行。至少在光学信息安全领域，光学图像认证过程普遍都伴随着随机相位编码过程，一个原因是为了防止泄露图像信息，另一个更主要的原因在于相位信息难以探测和复制，很适合作为认证密钥。

9.1　基于有意义输出图像的安全认证系统

自从 Refregier 和 Javidi 提出双随机相位编码技术（DRPE）以来[17]，基于光学理论和方法的信息安全技术越来越引起人们的重视。双随机相位编码技术借助于两块随机相位板分别对原始图像在空域和频域进行随机调制，进而将其加密为统计特性无关的平稳白噪声。随后，这一技术被进一步推广到菲涅耳域[19,20]和分数傅里叶域[21-26]。由于相位板难以伪造和复制，相位编码技术除了在光学图像加密领域获得极大的应用以外，在光学安全认证领域也得到了广泛的推广和发展。

身份认证系统主要有两个职责：身份验证和身份识别。身份验证的职责是判断用户是否授权；而身份识别的职责是区分每个授权用户的身份。最近，Wang等提出了一种借助于4f光学相关器将一幅原始图像加密为其频谱平面上的纯相位板的光学加密和认证方法[42]。之后，Li 等提出了将原始图像加密为输入平面上的相位板的方法[68]，从而改进了这一技术。在上述两种方法中，相位板都是通过相位恢复算法（如投影约束集、POCS）借助于一块固定在系统中的相位板加密获得的，其中，加密获得的和固定的相位板分别充当密钥和锁的作用。只有当这两块相位板完全匹配且分别放置在系统的对应平面上时，经单色平面光调制，在系统的输出平面上才能得到预先定义好的输出图像。Abookasis 等随后又借助于联合变换相关器改进了上述光学认证系统[143]，为用户认证带来了便利。然而，所有上述方法都是基于迭代相位恢复实现的，重建图像不够清晰；而且输出图像的光强集身份认证和识别两种职责于一身，这样不同用户必须对应于不同的输出图像，在多用户的应用中大量的输出图像为数据的存储带来了不便。

所有上述方法都是基于衍射光学原理的身份认证技术。最近，研究者又依据光学干涉原理提出了几种安全认证技术[69,128-137]。例如，Zhang 等提出了一种利用光学干涉原理，将一幅预先定义的输出图像加密为两个纯相位板的方法[69]。在该方法中，两束相干平面光分别经两个匹配相位板调制后相互干涉，在认证系统的输出平面上便可产生预定义的图像。这种方法生成相位板的方法简单，而且无需迭代。预定义输出图像的随机相位以及系统参数一起组成加密密钥，保护秘密图像的安全。其中任何一个密钥未知，都不可能获取匹配的相位板，因此该方法具有较高的安全性。

9.1.1　身份认证的改进方案

基于光学衍射和干涉原理，我们提出了一种输出有意义图像的光学身份认证系统[144]。首先借助于系统中一固定的随机相位板，将一幅预先定义好的输出图像利用数字方法加密为两个相位模板。其中，固定的随机相位板充当系统中锁的作用，而生成的两个相位板作为系统的密钥。只有当作为密钥的相位板完全正确且与作为锁的相位板匹配时，在系统的输出平面上才能产生预先定义的输出图像。衍射与干涉方法的有效结合，为所提出的方法带来了较好的结果和性能，即生成两个密钥相位板的方法非常简单，而且无需迭代；生成的输出图像（包括其振幅和相位）也非常清晰；另外，攻击者即使获知预先定义的输出图像，由于作为锁的相位板的保护，他们也不可能伪造出两个密钥相位板；而且，身份认证和识别两种职责分别赋予输出图像的振幅和相位，这将为某些特定应用带来便利。

1. 系统的结构框图

如图 9.1 所示，改进的身份认证系统是由干涉装置和 4f 相关识别系统组成的。其中，4f 系统的三个平面 P_1、P_2、P_3 分别定义为输入平面、变换平面和输出平面，其坐标分别为 (ξ,η)、(u,v) 和 (x',y')。相位板 M_1 和 M_2 到 4f 系统的输入平面的距离均为 l。

身份认证过程如下：两束相干平面波分别经相位板 M_1 和 M_2（密钥）调制，然后经分光镜（BS）结合到一起。这样两束光在 P_1 平面上相互干涉生成 4f 系统的输入图像 $I(\xi,\eta)$，干涉过程公式表述如下：

$$I(\xi,\eta) = \exp(iM_1) * h(x,y;l,\lambda) + \exp(iM_2) * h(x,y;l,\lambda) \tag{9.1}$$

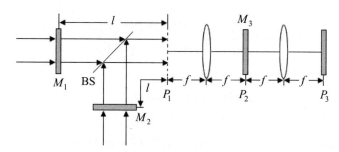

图 9.1　身份认证系统的结构示意图

其中：

$$h(x,y;l,\lambda) = \frac{\exp(i2\pi l/\lambda)}{il\lambda}\exp\left[\frac{i\pi}{l\lambda}(x^2+y^2)\right] \tag{9.2}$$

为菲涅耳变换的点脉冲函数，λ 为入射的平面光波长，$*$ 表示卷积运算。

随后，输入图像 $I(\xi,\eta)$ 的频谱经变换平面上的相位板 M_3（锁）调制后，在系统的输出平面上产生一幅预先定义好的输出图像。这一过程的数学描述为：

$$FT^{-1}\left\{FT\{I(\xi,\eta)\}\exp(iM_3)\right\} = f(x',y')\exp[iR(x',y')] \tag{9.3}$$

式中，FT 和 FT^{-1} 分别为傅里叶变换和逆傅里叶变换；$f(x',y')$ 和 $R(x',y')$ 为有意义的两幅图像，分别表示预定义输出图像的振幅和相位。只要在系统的输出平面上产生预定义的输出图像（包括其振幅和相位），便认为相位板 M_1 和 M_2 是正确的，并且与作为锁的相位板 M_3 是匹配的，这样拥有该密钥的用户便是合法授权的。

2. 密钥相位板的产生

对于身份认证系统的设计者来说，固定在系统中的相位板 M_3 和预定义的输出图像（包括振幅 $f(x',y')$ 和相位 $R(x',y')$）都是已知的。因此，关键的问题就变为了如何根据一致的 $f(x',y')$、$R(x',y')$ 和 M_3 找到两块与之对应的相位板 M_1 和 M_2。幸运的是，这一问题可以通过对干涉公式进行推导获得[69]。

由式（9.1）和式（9.3）可得：

$$\left[\exp(iM_1)+\exp(iM_2)\right]\times h(x,y;l,\lambda) = FT^{-1}\left\{\frac{FT\{f(x',y')\exp[iR(x',y')]\}}{\exp(iM_3)}\right\} \tag{9.4}$$

这里，两个相位板 M_1 和 M_2 可通过对式（9.4）进一步推导获得，即：

$$\exp(iM_1)+\exp(iM_2) = FT^{-1}\left\{\frac{FT\{f(x',y')\exp[iR(x',y')]\}}{FT\{h(x,y;l,\lambda)\}\exp(iM_3)}\right\} \tag{9.5}$$

令式（9.5）右边为：

$$D = FT^{-1}\left\{\frac{FT\{f(x',y')\exp[iR(x',y')]\}}{FT\{h(x,y;l,\lambda)\}\exp(iM_3)}\right\} \tag{9.6}$$

式（9.5）变为：

$$\exp(iM_2) = D - \exp(iM_1) \tag{9.7}$$

由于对式（9.7）左边部分取模等于 1，即：

$$\left|D - \exp(iM_1)\right|^2 = [D - \exp(iM_1)][D - \exp(iM_1)]^* = 1 \tag{9.8}$$

式中，$[]^*$ 为对括号内的项求共轭。

通过式（9.8）可以计算获得两个作为密钥的相位分布分别为：

$$M_1 = \arg(D) - \arccos(abs(D)/2) \tag{9.9}$$

$$M_2 = \arg(D - \exp(iM_1)) \tag{9.10}$$

式中，$\arg()$ 为取辐角运算；$abs()$ 为取模运算。

从上面的推导可以看出，作为密钥的相位板 M_1 和 M_2 受输出图像（包括其振幅 $f(x',y')$ 和相位 $R(x',y')$），作为锁的相位板 M_3 和系统参数 (λ,l) 的保护。它们是保密的，仅为认证系统的设计者所知。缺少其中任何一个或发生错误，都不可能获得相位板 M_1 和 M_2。从另外一个角度讲，其中任何一个参数（包括 $f(x',y')$、$R(x',y')$、M_3 和 (λ,l)）发生变化，都会产生不同的密钥相位板 M_1 和 M_2。为了给多用户的应用提供便利，我们通过改变输出图像的相位 $R(x',y')$ 来产生不同的密钥相位板 M_1 和 M_2，并将其分发给不同的用户。作为密钥的相位板 M_1 和 M_2 与输出图像相位之间的对应关系如图 9.2 所示。

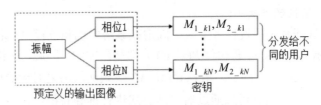

图 9.2 作为密钥的相位板与输出图像的相位之间的对应关系

3. 认证过程

从上述可知，可以通过改变预定义输出图像的相位产生不同的密钥相位板 M_1 和 M_2。这样，让不同的输出图像的相位对应不同授权用户的身份，而其相位保持不变。当用户将他们拥有的作为密钥的相位板 M_1 和 M_2 放置在身份认证系统的相应平面上时，便可在输出平面上生成代表不同用户身份的相位图像和相同的振幅图像。这里振幅图像用来表示用户是否授权；而相位图像用来鉴别授权用户的身份，以区分其他授权用户，认证过程如图 9.3 所示。这样，认证和识别两种职能可通过输出图像的振幅和相位分别执行。只要产生了输出图像的振幅，便认为用户已授权，同时生成的输出图像的相位，代表了不同授权用户的身份也被记录下来，以便以后查阅。这种方法将为某些特定应用（如智能门禁系统）带来方便。

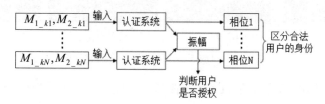

图 9.3　身份认证流程图

9.1.2　性能测试

1. 可行性分析

下面通过计算机仿真来测试系统的性能，并验证该方法的可行性。仿真中采用了两幅具有相同振幅和不同相位的输出图像，其中振幅如图 9.4（a）所示，对应两个不同用户 Mary 和 Jack 身份的两幅相位图像如图 9.4（b）和（c）所示。4f 系统变换平面上充当系统的锁相位板 M_3 如图 9.4（d）所示。所有图像具有 256×256 像素，实际尺寸为 5cm×5cm，入射波长 $\lambda = 632$ nm，两个密钥相位板到 4f 系统输入平面的距离为 $l = 20$ cm。

（a）振幅　　　　（b）用户 Mary 相位　　（c）用户 Jack 相位　（d）作为锁的相位板 M_3

图 9.4　预定义输出图像

对应于图 9.4（b）和（c），通过数字方法产生的密钥相位板 M_1 和 M_2 分别如图 9.5（a）$M_{1\mathrm{Mary}}$、（b）$M_{2\mathrm{Mary}}$ 和图 9.5（c）$M_{1\mathrm{Jack}}$、（d）$M_{2\mathrm{Jack}}$ 所示。从上述仿真结果可以看出，生成的密钥相位板为白噪声，从中分辨不出预定义输出图像的任何信息。

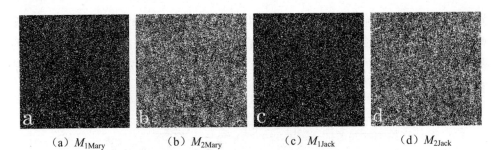

（a）$M_{1\text{Mary}}$　　（b）$M_{2\text{Mary}}$　　（c）$M_{1\text{Jack}}$　　（d）$M_{2\text{Jack}}$

图 9.5　对应于图 9.4 产生的密钥相位板

这里，我们以相关系数（CC）来衡量产生图像与原始图像的相似程度，相关系数 CC 定义为：

$$CC = \frac{COV(g, g_0)}{\sigma_g \sigma_{g_0}} \tag{9.11}$$

式中，g_0 和 g 分别为原始图像和生成图像；σ 为标准差；$COV(f, f_0) = E\{[f - E\{f\}][f_0 - E\{f_0\}]\}$ 为两幅图像的交互协方差；$E\{\}$ 为数学期望。

该方法中只有当匹配的相位板 M_1 和 M_2 同时呈现在认证系统的对应平面上，才会产生清晰的输出图像（包括其振幅和相位）；否则生成模糊的输出图像，没有任何意义。这一特性的仿真结果如图 9.6 所示。

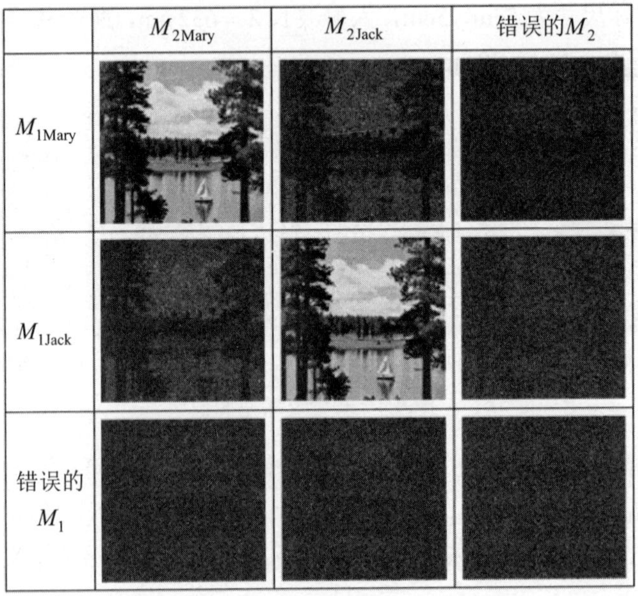

	$M_{2\text{Mary}}$	$M_{2\text{Jack}}$	错误的M_2
$M_{1\text{Mary}}$			
$M_{1\text{Jack}}$			
错误的 M_1			

（a）振幅

图 9.6　仿真结果产生的输出图像

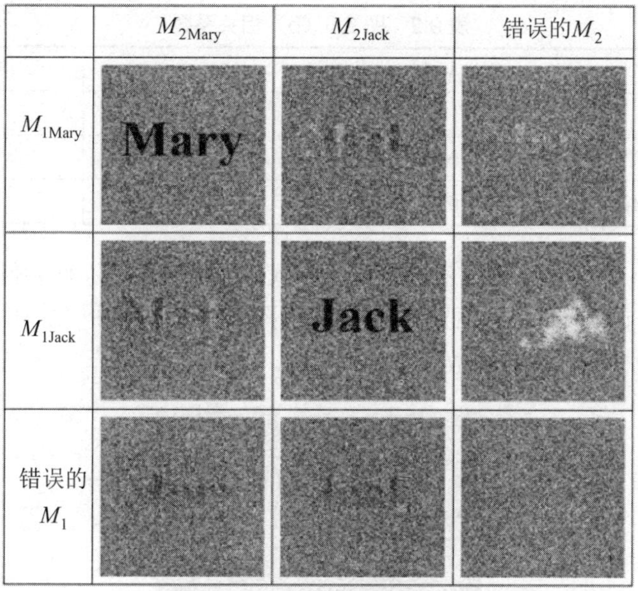

（b）相位

图 9.6　仿真结果产生的输出图像（续图）

这里我们使用了如图 9.5 所示的两对匹配的相位板（M_{1Mary}、M_{2Mary}）和（M_{1Jack}、M_{2Jack}）。从仿真结果可以看出，只有当密钥相位板匹配时才能重建期望的输出图像；只要有一块密钥相位板发生错误，预定义输出图像的振幅和相位都不能产生。所有的相关系数如表 9.1 和表 9.2 所示。尽管通过不匹配的密钥相位板 M_1 和 M_2，如（M_{1Mary}, M_{2Jack}）和（M_{1Jack}, M_{2Mary}）也可以产生带有噪声的输出图像，但是其相关系数仅为 0.41 和 0.42，分别对应于（M_{1Mary}, M_{2Jack}）和（M_{1Jack}, M_{2Mary}）。这一问题可以通过设定阈值来确定输入密钥相位板是否正确。

表 9.1 对应于图 9.6（a）的相关系数。

表 9.1　图 9.6（a）相关系数

	M_{2Mary}	M_{2Jack}	错误的 M_2
M_{1Mary}	1.00	0.41	0.09
M_{1Jack}	0.42	1.00	0.04
错误的 M_1	0.06	0.07	0.001

表 9.2 对应于图 9.6（b）的相关系数。

表 9.2　图 9.6（b）相关系数

	$M_{2\text{Mary}}$	$M_{2\text{Jack}}$	错误的 M_2
$M_{1\text{Mary}}$	1.00	0.14	0.03
$M_{1\text{Jack}}$	0.11	1.00	0.05
错误的 M_1	0.05	0.06	0.0001

为了与 Li 等[68]提出的方法进行比较，我们取图 9.4（a）作为例子进行仿真。当作为密钥与锁的相位板匹配时，生成输出图像的光强如图 9.7 所示，可以看出解密结果相当模糊，相关系数 CC 仅为 0.72。

图 9.7　作为密钥与锁的相位板匹配时产生的输出图像的光强

2. 密钥相位板的安全性

本节作为例子，我们采用如图 9.4（a）和（b）所示组成预定义的输出图像来测试密钥相位板 M_1 和 M_2 的安全性。系统中输出图像（包括其振幅 $f(x', y')$ 和相位 $R(x', y')$）和锁 M_3 都是保密的，仅为系统的设计者所知。其中任何一个未知，攻击者便很难伪造密钥相位板 M_1 和 M_2。上述性能已在 9.1.1 节中作了详细阐述。

另外，入射波长 λ 和衍射距离 l 也作为系统的附加密钥，在一定程度上防止了密钥相位板 M_1 和 M_2 被伪造。当输出图像和作为锁的相位板 M_3 都正确时，真实密钥相位板与生成的密钥相位板之间的相关系数随 λ 和 l 的变化曲线分别如图 9.8（a）和（b）所示。为了比较，由对应密钥生成的输出图像与预定义的输出图像的相关系数曲线也显示在图 9.8（a）和（b）中。从图中可以看出，无论密钥相位板还是对应产生的输出图像（包括其振幅和相位），对入射波长 λ 和衍射距离 l 都是极为敏感的。因此，这两个参数也在一定程度上保护了密钥相位板 M_1 和 M_2，防止它们被伪造。

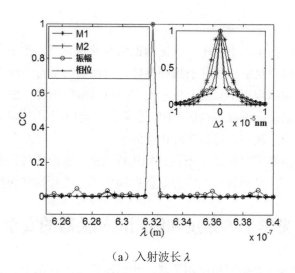

（a）入射波长 λ

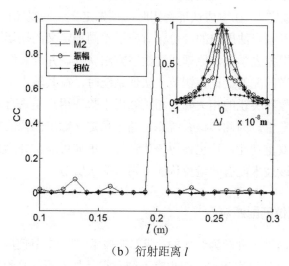

（b）衍射距离 l

图 9.8　相关系数 CC 随 λ 和 l 的变化曲线

9.1.3　系统分析

在有些实际应用中，我们仅仅需要验证用户是否授权，并记录其身份以备今后查阅。Li 和 Abookasis 提出的身份认证系统可以实现上述功能。然而，生成的输出图像的强度集认证和识别两种职责于一身，每个用户必须持有自己的密钥，并依据该密钥生成独一无二的输出图像。因此，在多用户的应用中，需要在秘密数据库中存储大量的预定义输出图像，而且在认证阶段，生成的每幅输出图像都需要与数据库中的所有图像进行对比，以确定是否授权。这是一项庞大且繁重的工作，影响了实时认证的效率。

然而，在我们提出的方法中，认证和识别两种职责分别赋予了输出图像的振幅和相位，所有用户对应于相同的振幅图像，而他们的身份由输出图像的相位进行区分。这样，实际应用中只要产生了确定的目标振幅图像，便认为用户授权，并将其相位图像记录下来以备以后查阅。在某些特定应用中，如居民区、图书馆、档案馆等部门，该方法可以提高实时认证效率。

由于阵列探测器（如 CCD）不能感知相位信息，输出图像需要首先通过数字全息的方法记录[25]，然后通过数字方法提取输出图像的振幅和相位。

9.2　基于光学干涉系统和纯相位相关器的安全认证系统

基于光学干涉原理和纯相位相关器，我们研究了一种基于有意义输出图像的光学身份认证系统[145]。在生成认证密钥时，预先定义一些复图像，其相位相同，而不同振幅代表不同合法用户的身份。对应于不同预定义的振幅图像，作为认证密钥的相位板，根据光学干涉原理通过数字方法获取，并分发给不同用户。在认证过程中，只有当匹配的认证密钥放入认证系统时，在其输出平面才能同时呈现预定义的振幅图像和尖锐的相关峰。相关峰用来验证用户是否合法，而振幅图像用来识别用户的身份。因此，该系统能够通过预定义输出图像的振幅和相位分别完成认证和识别双重功能，这也使得该认证技术更加可靠，并为某些应用带来灵活和方便，而且该技术能有效避免认证密钥被他人伪造。

9.2.1　纯相位匹配滤波

纯相位相关器是一种较为经典的、成熟的技术[146]。本节使用的纯相位相关器与文献[146]中提到的技术相似，但也有不同。它是基于不管复函数的振幅如何变化，与其相位的互相关运算仍能产生尖锐的相关峰这一结论而设计的，在此称为改进的纯相位相关器。因此，我们首先讨论这种改进的纯相位相关器及其匹配滤波的性能。

1. 经典纯相位相关器

如图 9.9（a）所示，假定定义一个二维复变函数 (ξ, η) 为：

$$f(x,y) = a(x,y) \exp[i\phi(x,y)] \tag{9.12}$$

这里 $a(x,y)$ 和 $\phi(x,y)$ 分别是 $f(x,y)$ 的振幅和相位，其频谱 $F(u,v)$ 可以表示为：

$$F(u,v) = FT\{f(x,y)\} = A(u,v) \exp[i\Phi(u,v)] \tag{9.13}$$

式中，FT 为傅里叶变换；$A(u,v)$ 和 $\Phi(u,v)$ 分别为 $F(u,v)$ 的振幅和相位。

提取 $F(u,v)$ 的相位即构成了纯相位相关器，表示为：

$$F_\Phi(u,v) = \exp[i\Phi(u,v)] \tag{9.14}$$

复函数 $f(x,y)$ 和纯相位相关器之间的复相关可以表示为：

$$C_\Phi = FT^{-1}\{F(u,v)F_\Phi^*(u,v)\} \tag{9.15}$$

这里 FT^{-1} 代表傅里叶逆变换。

2. 改进的纯相位相关器

然而，我们也发现一个现象，仅通过复图像的相位分布构造滤波器，类似的结果仍可以产生。改进的纯相位相关器如图 9.9（b）所示，具体方法可以描述如下：仅提取的复函数 $f(x,y)$ 的相位部分，即有：

$$p(x,y) = \exp[i\phi(x,y)] \tag{9.16}$$

其频谱 $P(u,v)$ 可以写作：

$$P(u,v) = FT\{p(x,y)\} = A_p(u,v)\exp[i\Phi_p(u,v)] \tag{9.17}$$

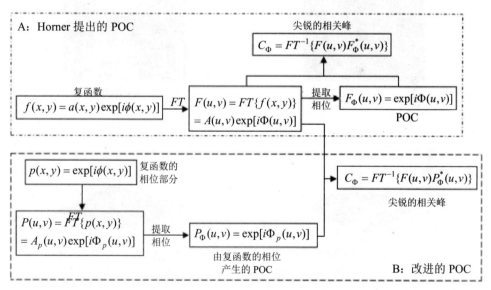

（a）经典纯相位相关器　　　　　（b）改进的纯相位相关器

图 9.9　纯相位相关器

$A_p(u,v)$ 和 $\Phi_p(u,v)$ 分别为 $P(u,v)$ 的振幅和相位。改进的纯相位滤波器可以表示为：

$$P_\Phi(u,v) = \exp[i\Phi_p(u,v)] \tag{9.18}$$

这样利用 $P_\Phi(u,v)$ 得到的互相关可以用数学式表示为：

$$C_{p\Phi} = FT^{-1}\{F(u,v)P_\Phi^*(u,v)\} \qquad (9.19)$$

为了讨论改进的纯相位相关器 $P_\Phi(u,v)$ 的性能，我们通过一个例子进行数值模拟。复图像 $f(x,y)$ 是由 256×256 像素的振幅图像（如图 9.10（a）所示）和归一化的相位图像组成。由式（9.14）和式（9.19）得到的相关峰如图 9.10（c）和（d）所示。从计算结果可以看出，通过改进的纯相位相关器仍然能够产生尖锐的相关峰，尽管其值（93.4）低于由经典纯相位相关器产生的相关峰（116.9）。

从上面的仿真结果可以看出，改进的纯相位相关器 $P_\Phi(u,v)$ 与复图像 $f(x,y)$ 的振幅无关。因此，无论如何更换复图像 $f(x,y)$ 的振幅，复图像 $f(x,y)$ 与改进的纯相位相关器 $P_\Phi(u,v)$ 的互相关仍然能够产生尖锐的相关峰，尽管其峰值略低。本节中所提出的识别方案就是依据上述结论设计的。

（a）振幅

（b）相位

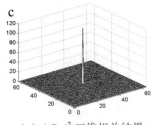

（c）$|C_\Phi|^2$ 三维相关结果

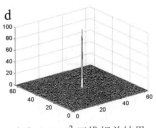

（d）$|C_{P\Phi}|^2$ 三维相关结果

图 9.10　复图像

9.2.2　光学干涉认证系统

1. 系统的结构框图

如图 9.11 所示，所设计的光学身份认证系统是由干涉装置和 $4f$ 相关识别系统组成的。

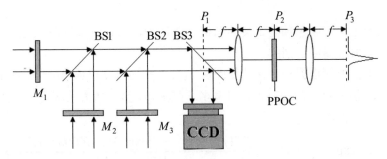

图 9.11　光学身份认证系统的结构示意图

其中，4f 系统的三个平面 P_1、P_2、P_3 分别定义为输入平面、变换平面和输出平面，其坐标分别为 (ξ,η)、(u,v) 和 (x',y')。三束平行相干光分别经相位板 M_1、M_2 和 M_3 调制，然后经两分束镜 BS1 和 BS2 发生相互干涉，并在系统的 P_1 平面产生预先定义的复图像 $f(\xi,\eta)$。该过程可通过数学表达式表述为：

$$f(\xi,\eta) = \exp(iM_1) * h(\xi,\eta;l_1) + \exp(iM_2) * h(\xi,\eta;l_2) + \exp(iM_3) * h(\xi,\eta;l_3) \qquad (9.20)$$
$$= a(\xi,\eta)\exp[i\phi(\xi,\eta)]$$

其中：

$$h(\xi,\eta;l) = \frac{\exp(i2\pi l/\lambda)}{il\lambda}\exp\left[\frac{i\pi}{l\lambda}(\xi^2 + \eta^2)\right] \qquad (9.21)$$

为菲涅耳变换的点脉冲函数；l_1、l_2、l_3 分别为三个相位板 M_1、M_2 和 M_3 到 P_1 平面的距离；λ 为入射的平面光波长；* 表示卷积运算；$a(\xi,\eta)$ 和 $\phi(\xi,\eta)$ 为两幅有意义的图像，分别表示预定义复图像 $f(\xi,\eta)$ 的振幅和相位分布。

之后 P_1 平面的光束经分束镜 BS3 分为两束，其中一束经强度探测器（如 CCD）探测，另一束输入到 4f 相关器。在 4f 系统的频谱平面放置一个改进的纯相位相关器（PPOC）$P_\Phi(u,v)$，它是由预定义图像 $f(\xi,\eta)$ 的相位根据 9.2.1 节所述方法产生的。这样，其相关运算表示为：

$$C_{\Phi p} = FT^{-1}\{F(u,v)P_\Phi^*(u,v)\} \qquad (9.22)$$

式中，FT 和 FT^{-1} 分别为傅里叶变换和逆傅里叶变换；$F(u,v) = FT\{f(\xi,\eta)\}$ 为预定义复图像 $f(\xi,\eta)$ 的空间频谱。

在此认证系统中，相位板 M_1 和 M_2 作为认证密钥，为合法用户拥有，随机相位板 M_3 作为锁安置在认证系统中。当把相位板 M_1、M_2 与匹配的相位板 M_3 放入系统中，通过相干光照射，在 CCD 中即可接收到预定义的振幅图像，并在系统的输出平面产生尖锐的相关峰。这样，拥有认证密钥 M_1 和 M_2 的用户被认为是合法的。这里，该系统是通过在输出平面上是否产生了相关峰来判断用户是否合法，如果产生的相关峰高于预先定义的阈值，即认为输入合法。然而，用户的身份是通过产生的振幅图像识别的。

问题是，如何根据预定义的复图像 $f(\xi,\eta)$ 和随机相位板 M_3 产生匹配的相位板 M_1 和 M_2 呢？这个问题可以通过参考文献[69]中给出的方法解决。对式（9.20）作简单推导可得：

$$\exp(iM_1) + \exp(iM_2) = FT^{-1}\left\{\frac{FT\{f(\xi,\eta)\} - FT\{\exp(iM_3)\}FT\{h(x,y;l_3)\}}{FT\{h(x,y;l)\}}\right\} \quad (9.23)$$

令式（9.23）右边为：

$$D = FT^{-1}\left\{\frac{FT\{f(\xi,\eta)\} - FT\{\exp(iM_3)\}FT\{h(x,y;l_3)\}}{FT\{h(x,y;l)\}}\right\} \quad (9.24)$$

这样，式（9.23）变为：

$$\exp(iM_2) = D - \exp(iM_1) \quad (9.25)$$

由于对式（9.25）左边部分取模等于 1，即：

$$|D - \exp(iM_1)|^2 = [D - \exp(iM_1)][D - \exp(iM_1)]^* = 1 \quad (9.26)$$

式中，$[\ ]^*$ 为对括号内的项求共轭。

通过式（9.26）可计算获得作为密钥的两个相位分布分别为：

$$M_1 = \arg(D) - \arccos(abs(D)/2) \quad (9.27)$$

$$M_2 = \arg(D - \exp(iM_1)) \quad (9.28)$$

式中，$\arg()$ 为取辐角运算；$abs()$ 为取模运算。

2. 认证系统的设计

从上面的推导可以看出，作为密钥的相位板 M_1 和 M_2 受预定义复图像（包括其振幅 $a(\xi,\eta)$ 和相位 $\phi(\xi,\eta)$），作为锁的相位板 M_3，以及系统参数 (λ,l) 的保护。它们是保密的，仅为认证系统的设计者所知。缺少其中任何一个或任何一个发生错误，都不可能获得相位板 M_1 和 M_2，因此认证密钥 M_1 和 M_2 很难被伪造。从另外一个角度讲，其中任何一个参数，包括 $a(\xi,\eta)$、$\phi(\xi,\eta)$、M_3 和 (λ,l) 发生变化，都会产生不同的密钥相位板 M_1 和 M_2。

从 9.2.1 节可知，改进的纯相位相关器（PPOC）具有一个性质，即无论怎样改变复函数 $f(x,y)$ 的振幅，复函数 $f(x,y)$ 和 PPOC $P_\Phi(u,v)$ 间的互相关运算仍然能够产生尖锐的相关峰。因此，在多用户的应用中，让预定义图像的不同振幅图像 $a(\xi,\eta)$ 表示不同合法用户的身份，而其相位 $\phi(\xi,\eta)$ 保持不变。这样，不同的认证密钥对应不同的振幅图像，并分发给不同的合法用户，该过程如图 9.12（a）所示。该方法在多用户的应用中将为认证密钥的生成带来便利。

在认证阶段，如果将正确的认证密钥 M_1 和 M_2 放入系统，在系统的输出平面

（P_3）将产生一个尖锐的相关峰，以此来判断用户是否合法；另外，在 CCD 中将探测到预定义的振幅图像，它能够表征用户的身份。因此，该认证系统可以实现认证和识别两种功能，既可以判断用户是否合法，又可以识别用户的身份，其过程如图 9.12（b）所示。

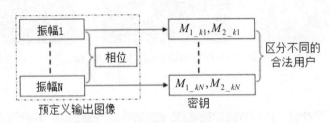

（a）认证密钥的产生过程

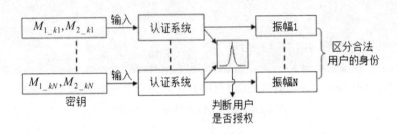

（b）身份识别过程

图 9.12　认证方案流程图

9.2.3　性能测试

1. 可行性分析

本节将采用带有相同相位和不同振幅的两幅预定义图像来验证该方法的可行性。相同的相位分布如图 9.10（b）所示，两个振幅图像分别如图 9.10（a）和图 9.13（a）所示，它们代表了两个不同的合法用户。另外，我们任意选取一块随机相位板作为系统的锁 M_3，如图 9.13（b）所示，它的像素值均匀分布在 $0\sim2\pi$ 之间。根据式（9.16）—（9.18）生成改进的纯相位相关器（PPOC），如图 9.13（c）所示。

根据式（9.27）和式（9.28），可以通过数字方法计算获得对应于两个不同振幅图像的两对认证密钥 M_1 和 M_2，如图 9.14（a）—（d）所示。我们可以形象地认为这两对密钥（M_{1_Girl}, M_{2_Girl}）和（M_{1_Boy}, M_{2_Boy}）分别由 Girl 和 Boy 所拥有。

（a）预定义图像的另一个振幅　（b）固定的锁 M_3 的相位函数　（c）纯相位相关器的相位函数

图 9.13　可行性分析验证过程

（a）M_1 对应 Girl 图像　（b）M_2 对应 Girl 图像　（c）M_1 对应 Boy 图像　（d）M_2 对应 Boy 图像

图 9.14　数字方法产生的相位密钥

只有当匹配的认证密钥 M_1 和 M_2 同时呈现在认证系统中时，才能产生一幅清晰的振幅图像和一个尖锐的相关峰。缺少任何一个认证密钥或任何一个发生错误，生成的振幅图像即为噪声，并且没有尖锐的相关峰产生，该结果如图 9.15 所示。

2. 锁 $M3$ 的作用

在基于光学干涉方法的加密系统提出之后[69]，研究人员便指出该系统存在一定的安全隐患，即如果仅将作为认证密钥的其中一块相位板（M_1 或 M_2）放入系统，也能产生预定义的图像，尽管带有一定的噪声[147,148]。然而，该系统中采用的相位板 M_3 可以解决这一问题。原因是 M_3 是独立的随机相位板，它将随机扰乱 M_1 和 M_2 衍射光波的波前分布，因此在该系统中仅有 M_1 或 M_2 是很难产生预定义图像的。为了便于比较，将文献[147]的方法进行了仿真，结果如图 9.16 所示。可以看出通过 M_1 或 M_2 都可以产生预定义的振幅图像和相关峰，尽管图像中含有噪声，其相关峰也略低一些。这样，如果认证密钥 M_1 或 M_2 丢失或被盗，将为认证系统带来风险。然而，独立随机相位板 M_3 的使用将有效避免这一风险。从图 9.17 的仿真结果可以看出，仅仅通过 M_1 或 M_2 预定义的振幅图像和相关峰都不会产生。

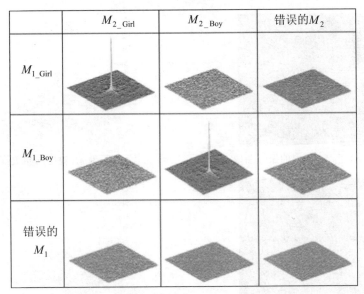

（a）产生的输出图像的振幅图像

（b）根据公式（9.11）计算 $C_{\Phi p}$ 的相关结果

图 9.15　所有输出结果表格（包括振幅和相关峰）

（a）由 M_1 输出的振幅图像

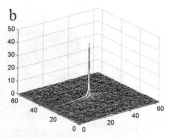

（b）由 M_1 输出的相关峰

（c）由 M_2 输出的振幅图像

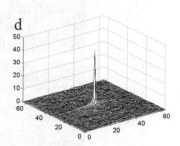

（d）由 M_2 输出的相关峰

图 9.16　没有相位板 M_3 时的仿真结果

（a）由 M_1 输出的振幅图像

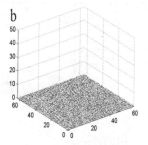

（b）由 M_1 输出的相关峰

（c）由 M_2 输出的振幅图像

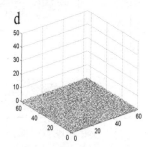

（d）由 M_2 输出的相关峰

图 9.17　本节所提出的系统产生的仿真结果

另外，作为锁固定在认证系统里的随机相位板 M_3 也可以有效避免认证密钥 M_1 和 M_2 在合法用户之间相互伪造。原因是在我们所提出的系统中，作为附加密钥的系统参数（衍射距离 l 和光波波长 λ）很容易通过穷举的方法获取。如果在所提出系统中去掉相位板 M_3，预定义复图像的随机相位作为密钥负责产生匹配滤波器，因此所有的合法用户共用相同的密钥（即预定义的随机相位）。这样，已授权的用户有可能作为窃密者通过他们自己的合法密钥 M_1 和 M_2 产生预定义的随机相位板，而且预定义的振幅图像 $a(\xi,\eta)$ 也可以通过强度探测器窃取。如此，攻击者即可通过获取的振幅 $a(\xi,\eta)$ 和相位 $\phi(\xi,\eta)$ 伪造其他合法用户的密钥 M_1 和 M_2，以其他合法用户的身份进行违法活动。然而在我们提出的系统中，即使攻击者获取了预定义的复图像，包括其振幅 $a(\xi,\eta)$ 和相位 $\phi(\xi,\eta)$ 以及系统参数 (l,λ)，认证密钥 M_1 和 M_2 仍然不能被伪造，因为作为锁的随机相位板 M_3 是未知的，仅由系统的设计者保管，因此该系统是相对安全的。

9.3　光学多模态生物识别系统

在生物识别技术的实际应用中，由于客观条件变化的不可预测性，单生物识别技术往往会遇到难以克服的困难，如在使用指纹认证时，相当一部分人不能采集到清晰的指纹；随着时间流逝或光照变化，人脸图像会发生变化，虹膜、DNA 等识别方式又会使人感到不舒适。而多生物识别技术由于利用了多种生物特征，并结合数据融合技术，不仅可以提高识别的准确性，而且可以扩大系统的覆盖范围，降低系统风险，使之更接近于实用。因此，多模态生物特征识别技术，近年来已成为生物特征识别技术研究领域的一个热点，也是未来生物特征应用领域的必然趋势。

在当今的信息时代，信息安全成为一个重要问题。在通信中的每一个阶段（包括数据的处理、传输和存储）都必须对敏感或机密信息进行保护，以防非授权用户窃取。自从 Refregier 和 Javidi 提出双随机相位编码技术以来[17]，光学信息安全技术越来越引起人们的重视，众多研究人员也将目光投向了这一研究领域。随后，双随机相位编码技术从其傅里叶变换域进一步推广到分数傅里叶域和菲涅耳域。

然而，基于双随机相位编码的光学加密方法已不能抵抗目前已有的几种攻击技术。针对这些攻击技术，研究者随后又提出了基于迭代相位恢复算法的光学加密技术。这些方法都是基于光学衍射方法，通过多次迭代将秘密图像加密为两个相位板。最近，Zhang 和 Wang 提出了一种基于光学干涉原理将一幅光学图像加密为两个随机相位板的新方法[69]。这种方法的优势是算法简单且无需迭代，极大地提高了加密效率。随后，众多研究者继续探索，推广并发展了这一技术。

本节基于光学多维度的特点，提出了一种多模态的生物识别系统[149]。该系统将光学加密技术与多模态生物识别技术相结合，将一对多的匹配变为一对一的匹配，极大地节省了匹配时间，提高了识别效率。将加密系统应用于生物认证，使得认证密钥很难被伪造。即使密钥丢失或被盗取，没有用户的准确生物特征信息，任何拥有密钥的人也不可能骗取认证系统的信任。此外，标准的生物模板都需通过合法用户的认证密钥实时产生，因此不需要将其存储在安全数据库中，极大地节省了存储空间。最后，我们通过对一个数据库中的若干生物特征图像进行测试。

9.3.1 光学多模态生物识别系统

1. 认证系统

如图9.18所示,改进的身份认证系统是由干涉装置和4f相关识别系统组成的。其中，4f系统的三个平面 P_1、P_2、P_3 分别定义为输入平面、变换平面和输出平面，其坐标分别为 (ξ, η)、(u, v) 和 (x', y')。

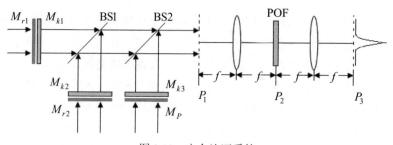

图 9.18   安全认证系统

身份认证过程如下：两相干平面波分别经相位板 M_1 和 M_2（密钥）调制，然后经分光镜（BS）结合到一起，与被 M_3 调制的光束发生干涉，输入到光学 4f 相关识别系统中进行相关识别，其中 $M_1 = 2\pi(Mr_1 + M_{k1})$、$M_2 = 2\pi(Mr_2 + M_{k2})$ 和 $M_3 = 2\pi(M_P + M_{k3})$。

2. 认证原理

认证过程中,三束相干平行光分别经各自光路中的相位板调制后,经如图 9.18 所示的分束镜 BS1 和 BS2 发生干涉,在 P_1 平面上生成一幅预先定义好的图像 $g(\xi, \eta)$,如图 9.19 所示为认证的流程图,认证过程可以表示为：

$$g(\xi, \eta) = \exp(iM_1) * h(\xi, \eta; l_1) + \exp(iM_2) * h(\xi, \eta; l_2) + \exp(iM_3) * h(\xi, \eta; l_3)$$
$$= a(\xi, \eta) \exp[i2\pi\phi(\xi, \eta)] \tag{9.29}$$

其中：

$$h(\xi,\eta;l) = \frac{\exp(i2\pi l/\lambda)}{il\lambda}\exp\left[\frac{i\pi}{l\lambda}(\xi^2+\eta^2)\right] \tag{9.30}$$

为菲涅耳变换的点脉冲函数；l_1、l_2 和 l_3 分别为三个相位板到 P_1 平面的距离，这里我们令 $l_1 = l_2 = l$；λ 为入射光的波长；* 表示卷积运算；(ξ,η) 为 P_1 平面的坐标；两个生物样本 $a(\xi,\eta)$ 和 $\phi(\xi,\eta)$ 分别作为输出图像 $g(\xi,\eta)$ 的振幅和相位，本书中它们分别为合法用户的对数极坐标变换的人脸和指纹，如图 9.19 所示。

只要认证密钥与用户的掌纹匹配，在 P_1 平面上便会产生预定义的复图像（即样本）。如何判定生成的样本即为用户的生物特征呢？这里我们采用放置在 4f 系统中由对数极坐标变换后的人脸和指纹构成的纯相位滤波器（Phase Only Filters，POFs）进行识别。需要注意的是，尽管 POF 技术已相当成熟，但是本节采用的 POF 与文献[146]中介绍的有所不同。文献[146]中采用的 POF 是由复图像的频谱的相位构建的，而本节中的 POF 是由复图像的振幅或相位的频谱相位构成的，因此本节中我们分别称为 POF_A 和 POF_P。构建过程表述如下：

（1）由复图像 $g(\xi,\eta)$ 的振幅构建的 POF_A。令：

$$f(\xi,\eta) = a(\xi,\eta) \tag{9.31}$$

式中，$a'(\xi,\eta)$ 为用户现有人脸的对数极坐标变换图样。

其傅里叶变换为：

$$F(u,v) = FT\{f(\xi,\eta)\} = A_f(u,v)\exp\left[i\Phi_f(u,v)\right] \tag{9.32}$$

式中，$FT\{\}$ 为傅里叶变换；$A_f(u,v)$ 和 $\Phi_f(u,v)$ 分别为 $F(u,v)$ 的振幅和相位分布。

然后，提取器相位部分为：

$$F_\Phi(u,v) = \exp\left[i\Phi_f(u,v)\right] \tag{9.33}$$

即获得了由振幅产生的纯相位滤波器（POF_A）$F_\Phi(u,v)$。

（2）由复图像 $g(\xi,\eta)$ 的相位部分产生的 POF_P。

类似地，令：

$$p(\xi,\eta) = \exp\left[i2\pi\phi(\xi,\eta)\right] \tag{9.34}$$

式中，$\phi'(\xi,\eta)$ 为用户指纹的对数极坐标变换图样，其傅里叶变换为：

$$P(u,v) = FT\{p(\xi,\eta)\} = A_p(u,v)\exp\left[i\Phi_p(u,v)\right] \tag{9.35}$$

式中，$A_p(u,v)$ 和 $\Phi_p(u,v)$ 分别为 $P(u,v)$ 的振幅和相位，提取其相位，便得到纯相位滤波器 POF_P：

$$P_\Phi(u,v) = \exp\left[i\Phi_p(u,v)\right] \tag{9.36}$$

这样如图 9.18 所示的相关运算可依次由式（9.37）和式（9.38）执行：

$$C_f = FT^{-1}\left\{G(u,v)F_\Phi^*(u,v)\right\} \tag{9.37}$$

$$C_p = FT^{-1}\left\{G(u,v)P_\Phi^*(u,v)\right\} \tag{9.38}$$

式中，$G(u,v) = FT\{g(\xi,\eta)\}$ 为预定义的复图像的频谱；* 表示复共轭。

如果从用户获得的人脸和指纹与预定义复图像的振幅和相位相匹配，在输出平面上便会产生尖锐的相关峰，如图 9.19 所示为认证过程的流程图。

根据上面的描述，只要 M_{r1}、M_{r2} 和 M_f 匹配，两个尖锐的相关峰便可在 $4f$ 相关识别系统的输出平面 P_3 上呈现。并且只有当两个相关峰同时产生，才认定拥有相位板 M_{r1} 和 M_{r2} 的用户是合法授权的。由于在认证过程中需要合法用户的掌纹，因此即使相位板 M_{r1} 和 M_{r2} 被盗或丢失，也不会威胁到系统的安全。

这里，关键的问题是如何根据预定义的图像 $f(\xi,\eta)$ 产生与掌纹匹配的两个相位板 M_{r1} 和 M_{r2}，这个过程需要在用户的注册过程中完成。

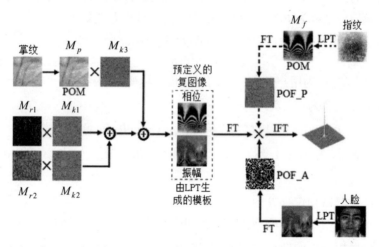

×表示乘法运算；⊕ 为两束光的干涉；LPT 表示对数极坐标变换；POM 为纯相位板；POF 为纯相位滤波器；FT 和 IFT 分别表示傅里叶变换和逆变换

图 9.19　认证过程的流程图

3. 合法用户的注册过程

认证系统中，作为密钥的相位板 M_{k1}、M_{k2} 和 M_{k3} 是保密的，仅由认证系统的设计者所知。预定义的图像（包括其振幅 $a(\xi,\eta)$ 和相位 $\phi(\xi,\eta)$），以及 M_f 由用户的生物样本产生。目前实现认证的关键问题是，如何依据确定的函数 $a(\xi,\eta)$、$\phi(\xi,\eta)$ 和 M_f 找到匹配的相位板 M_{r1} 和 M_{r2}。这个问题可以通过光学干涉方程推导如下：

对式（9.29）作简单推导可得：

$$\exp(iM_1) + \exp(iM_2) = FT^{-1}\left\{\frac{FT\{f(\xi,\eta)\} - FT\{\exp(iM_3)\}FT\{h(x,y;l_3)\}}{FT\{h(x,y;l)\}}\right\} \quad (9.39)$$

令式（9.39）右边为：

$$D = FT^{-1}\left\{\frac{FT\{f(\xi,\eta)\} - FT\{\exp(iM_3)\}FT\{h(x,y;l_3)\}}{FT\{h(x,y;l)\}}\right\} \quad (9.40)$$

式（9.39）变为：

$$\exp(iM_2) = D - \exp(iM_1) \quad (9.41)$$

由于式（9.41）等号左边部分的模等于 1，因此：

$$\left|D - \exp(iM_1)\right|^2 = \left[D - \exp(iM_1)\right]\left[D - \exp(iM_1)\right]^* = 1 \quad (9.42)$$

式中，$[]^*$ 表示取共轭。这样两个相位板可通过式（9.42）计算获得：

$$M_1 = \arg(D) - \arccos(abs(D)/2) \quad (9.43)$$

$$M_2 = \arg(D - \exp(iM_1)) \quad (9.44)$$

式中，$\arg()$ 为取辐角运算；$abs()$ 为取模运算。

最后，通过式（9.45）和式（9.46）计算可得相位板 M_{r1} 和 M_{r2}：

$$M_{r1} = M_1 - M_{k1} \quad (9.45)$$

$$M_{r2} = M_2 - M_{k2} \quad (9.46)$$

从上面的推导可知，用户的注册过程需通过数字方法完成。

9.3.2 生物样本预处理

为了提高所提出的方法对于生物样本的偏移、缩放以及旋转的鲁棒性，首先需要对采用的生物样本进行预处理。

在下面的仿真中，我们采用一个用户的三个样本，即人脸、指纹和掌纹，分别如图 9.20（a）、（b）和（c）所示，其大小为 128×128 像素。

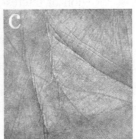

（a）人脸 　　　　　　 （b）指纹 　　　　　　 （c）掌纹

图 9.20　用户的三个生物样本

在此用到的 POF 为偏移不变运算，但是对于旋转是非常敏感的。为了解决这个问题，我们采用对数极坐标变换（Log-Polar Transform，LPT）对样本进行处理。LPT 是一种处理旋转和缩放不变问题的良好的图像处理工具[150]。它是一种将图像从 Cartesian 坐标 (x, y) 变为对数极坐标 (ρ, θ) 的非线性、非均匀取值方法。其坐标映射关系的数学式表述如下：

$$\rho = \ln \sqrt{(x - x_c)^2 + (y - y_c)^2} \tag{9.47}$$

$$\theta = \tan^{-1} \frac{y - y_c}{x - x_c} \tag{9.48}$$

式中，(x_c, y_c) 为对数极坐标变换 Cartesian 坐标系中的中心像素；(x, y) 为 Cartesian 坐标；(ρ, θ) 为对数极坐标系中的对数半径和对数辐角。

为了简单起见，本书采用自然对数。对数极坐标优于 Cartesian 坐标，主要表现在 Cartesian 坐标中的旋转和缩放对应于对数极坐标系中横向和纵向的偏移。如图 9.21（a）和（b）所示分别为图 9.20（a）和（b）中人脸和指纹的对数极坐标图像。

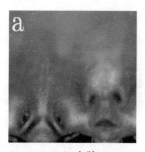 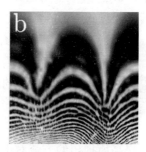

（a）人脸　　　　　　　　　　　　（b）指纹

图 9.21　对应于图 9.20（a）和（b）的对数极坐标图像

由于光学干涉加密系统对掌纹图像的偏移和旋转极为敏感，对于掌纹图像感兴趣区域（Region of Interest，ROI）的定位和选取也极为重要。这里，通过计算食指与中指以及无名指与小指之间最低间隙的切线获取掌纹的感兴趣区域（ROI）[151]，方法如图 9.22 所示。红色标注的正方形区域为感兴趣的掌纹图像。这种方法可以确保掌纹有极小的旋转和偏移。

最后，将图 9.21（b）和图 9.20（a）所示的对数极坐标变换的指纹和掌纹图像归一化，构建纯相位模板。

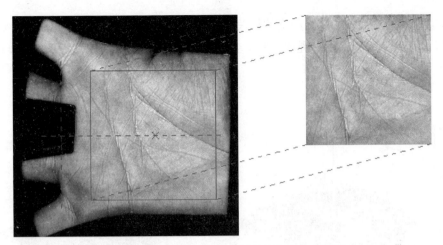

图 9.22　掌纹图像感兴趣区域的选取方法示意图

9.3.3　识别结果及性能分析

1. 可行性仿真

下面我们通过计算机仿真来验证该方法的可行性，并测试该算法的性能。随机选取三个作为密钥的相位板 M_{k1}、M_{k2} 和 M_{k3}，其值随机均匀分布在[0,1]之间。根据 9.3.1 节所述，获得相位板 M_{r1} 和 M_{r2} 如图 9.23（a）和（b）所示。从图 9.23 中可以看出，两个相位板为随机白噪声，从中不可能识别出人脸、指纹和掌纹的任何信息。

（a）M_{r1}

（b）M_{r2}

图 9.23　认证密钥

在认证过程中，将两个相位板（M_{r1} 和 M_{r2}）和正确提取的合法用户的掌纹呈现在如图 9.18 所示的认证系统中，在 P_1 平面上便产生了预先定义的复图像，包括其振幅和相位。然后，依次将由合法用户的人脸和指纹图像构建的 POF 放置在相应平面上，在系统的输出平面上便产生了如图 9.24（a）和（b）所示的相关峰。由此可见，由 POF_P 产生的相关峰远远高于由 POF_A 产生的相关峰。若生物样本图像从非授权用户提取，便不会产生尖锐的相关峰，结果如图 9.24（c）和（d）所示。

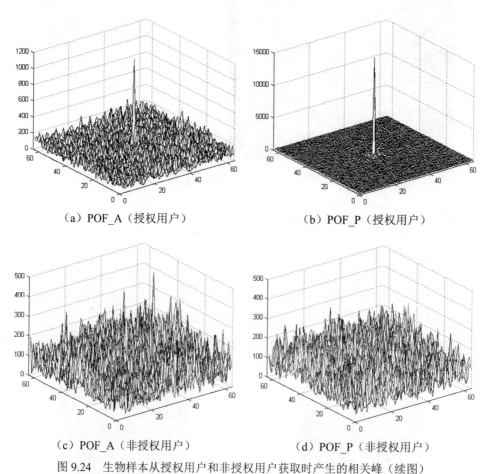

(a) POF_A（授权用户）   (b) POF_P（授权用户）

(c) POF_A（非授权用户）   (d) POF_P（非授权用户）

图 9.24　生物样本从授权用户和非授权用户获取时产生的相关峰（续图）

2. 鲁棒性

我们也通过数值仿真讨论了在生物特征图像存在偏差时该系统的容忍度。实验结果表明干涉加密系统对掌纹图像的偏差极为敏感，如图 9.25（a）和（b）所示分别给出了相关峰值随掌纹图像偏移像素数和旋转角度的变化曲线。从曲线可以看出，随着偏移量的增加，相关峰急剧下降。当偏移像素数大于 4 或旋转角度大于 3° 时，将会导致系统不能识别。这一特性的优势使得掌纹图像很难被复制或伪造，但是这也为系统的实际应用带来了极大不便。如图 9.22 给出的方法可以在一定程度上限制掌纹的偏移和旋转，但是在实际测试中仍有一些掌纹图像超出了这种可容忍的偏移度，这将导致错误拒绝率（False Rejection Rate，FRR）的增加。

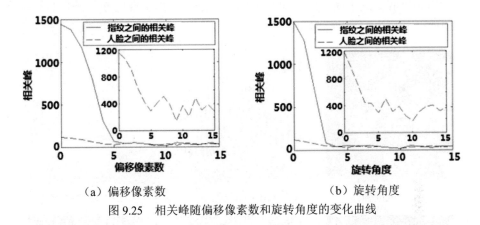

（a）偏移像素数　　　　　　　　　（b）旋转角度

图 9.25　相关峰随偏移像素数和旋转角度的变化曲线

文献[152]和[153]中介绍的方法可以分别精确地找到人脸和指纹图像的中心，并且提取出感兴趣区域。这种方法可以有效抑制图像的偏移，但是却很难控制感兴趣区域图像的旋转和缩放，而且本书中使用的 POF 具有偏移不变性，但是对于旋转是不能容忍的。幸运的是，对数极坐标变换将 Cartesian 坐标系中旋转和缩放变为对数极坐标系的坐标偏移，从而克服了这一问题。从图 9.26（a）和（b）可以看出，无论人脸还是指纹图像，即使旋转角度超过 90°，系统仍能呈现较高的相关峰。

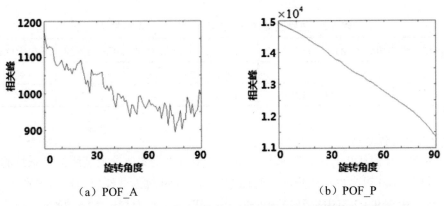

（a）POF_A　　　　　　　　　　（b）POF_P

图 9.26　由 POF_A 和 POF_P 产生的相关峰随旋转角度的变化曲线

接下来的数值模拟中，我们测试生物图像的光照强度对认证结果的影响。如图 9.27 所示给出了不同光照强度下的生物识别图像，其中（a1）、（b1）、（c1）为在较强光照条件下获取的图像，而（a2）、（b2）、（c2）为光照条件不足情况下的图像。如表 9.3 所示列出了不同光照条件下的最大相关峰。从仿真结果可以看出，所有的相关峰值均高于阈值，结果也表明该方法对生物图像的光照条件具有很好的鲁棒性。

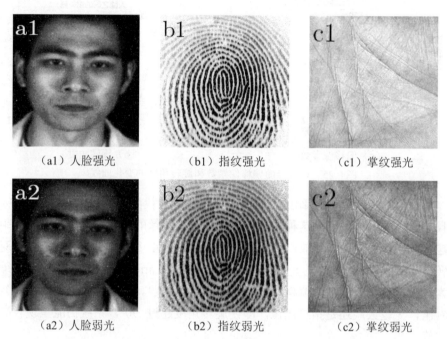

（a1）人脸强光	（b1）指纹强光	（c1）掌纹强光
（a2）人脸弱光	（b2）指纹弱光	（c2）掌纹弱光

图 9.27　对应于图 9.20 中提取的不同光照条件下的生物识别图像

表 9.3　生物图像在不同光照条件下的最大相关峰

最大相关峰	Fig. 10 a1	Fig. 10 b1	Fig. 10 c1	Fig. 10 a2	Fig. 10 b2	Fig. 10 c2
人脸	1076	--	907	964	--	863
指纹	--	12156	11167	--	12873	10052

3.　安全性分析

本节中我们从 PolyU 数据库[154]中取了 200 对生物图像来测试所提出系统的性能。其中，100 对为授权用户的生物图像，而另 100 对为非授权用户的识别图像。所有图像根据 9.3.2 节中提到的预处理方法提取其大小为 128×128 像素的图像，相关峰如图 9.28 所示，其中前面 100 对为授权用户，而后面 100 对为非授权用户。我们分别采用 600 和 2000 作为人脸和指纹的识别阈值。错误拒绝率（FRR）和错误接受率（FAR）为衡量识别系统性能的重要指标。对于授权用户，低于阈值的有 12 人（其中人脸 1 幅，指纹 5 幅，掌纹 6 幅），这样由人脸和指纹识别导致的错误拒绝率分别为 7% 和 11%，总的错误拒绝率为（1+5+6）% = 12%。然而，对于非授权用户，由于没有注册的掌纹图像，致使错误接受率为 0%。

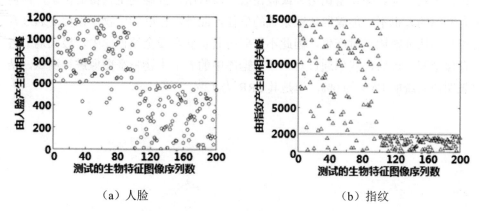

（a）人脸　　　　　　　　　　　　　　　　（b）指纹

图 9.28　对 PolyU 数据库的测试结果

9.4　本章小结

本章探讨的基于有意义输出图像的光学身份认证系统将基于衍射和干涉原理的认证方法有效结合在一起，产生了较好的性能和结果。密钥相位板的生成方法简单，而且无需迭代；在系统的输出平面上生成的输出图像包括振幅和相位都极为清晰；而且密钥相位板受多种机密信息（如输出图像，包括其振幅和相位、锁相位板 M_3 和系统参数 λ 和 l）保护，使其难于被入侵者伪造。此外，认证和识别两种职责分别赋予了输出图像的振幅和相位，这种分配为某些特定应用带来了便利。最后，通过大量数值模拟验证了该方法的可行性，并测试了该系统的性能。

我们发现通过复图像与改进的纯相位相关器之间的相关运算仍然能够产生尖锐的相关峰，根据这一特性，基于光学干涉原理和改进的纯相位相关器设计了一种光学认证系统。在该系统中，认证密钥可以通过更换预定义复图像的振幅产生，这一技术将为多用户的应用带来便利。当匹配的密钥置于认证系统时，既可以获得一幅有意义的图像，又可以产生尖锐的相关峰。只有当二者同时生成，才认为拥有密钥的用户是合法的，因此该系统具有较高的安全性。而且认证与识别两种功能分别由输出图像的振幅和相位承担，这种设计增强了系统应用的灵活性。随机相位板 M_3 的应用又有效避免了认证密钥被他人伪造的风险。

基于光学多维度的特点，探讨了一种多模态的生物识别系统。该系统将光学加密技术与多模态生物识别技术相结合，将一对多的匹配变为一对一的匹配，极大地节省了匹配时间，提高了识别效率。将加密系统应用于生物认证，使得认证密钥很难被伪造。即使密钥丢失或被盗取，没有用户准确的生物特征信息，任何拥有密钥的人也不可能骗取认证系统的信任。此外，标准的生物模板都需通过合法用户的认证密钥实时产生，因此不需要将其存储在安全数据库中，极大地节省了存储空间。最后，我们通过对一个数据库中的若干生物特征图像进行测试，结果表明该系统的 FAR 为 0%，但是其 FRR 为 12%。

第 10 章　基于随机相位调制的关联成像技术

在古典光学理论中，光的波动理论可以用由惠更斯提出并被菲涅耳等人进一步发展的机械波理论来解释，认为光是机械振动在"以太"这种特殊介质中传播的波。一直到 19 世纪 60 年代，麦克斯韦建立了经典电磁理论，证明光是一种电磁波，由此产生了光的电磁理论，指出光是一种波长很短的电磁波，奠定了光的动力学理论基础。波动光学理论解释了光的干涉、衍射和偏振现象，以及光在各向同性介质中的传播规律——光的反射、折射、色散、散射等现象。

在 20 世纪初，爱因斯坦在普朗克量子论的基础上提出了光的量子理论，认为光的能量不是连续分布的，光由孤立的运动着的光子组成，每个光子拥有确定的能量。在实验事实基础上，人们接受了光的波粒二象性这种特质。随着量子力学的发展，场的量子化理论也不断完善，形成了量子光学基础。

经典的几何光学、波动光学以及傅里叶光学理论把光场看为一种可以用确定性理论描述的对象。量子光学的提出打破了人们对光场本质的理解，光场本身还具备不确定性涨落。随着 20 世纪 60 年代激光器的问世，以及光电探测技术的发展，光场的涨落变得可以被观测到，从而大大促进了统计光学的发展，进而发展出来一种不同于传统线性成像机制的新型成像机制——利用光场的量子或经典涨落及其关联获取目标图像信息的关联成像。

10.1　关联成像技术概述

关联成像（Correlated Imaging），又称为"鬼"成像（Ghost Imaging，GI），是 20 世纪 90 年代逐渐发展起来的一种新型成像方式，由于其区别于经典成像方式的特殊性质，关联成像受到越来越多的关注与研究。

最早的关联成像实验是 Pittman 等[155]早年根据前苏联学者[156]的理论实现的，利用自发参量下转换（Spontaneous Parametric Down Conversion，SPDC）产生的两路纠缠光子，一支为包含物体的信号光路，对其做桶测量；另一支为不含物体的参考光路，对其做空间分辨测量，在接收端对这两路光子进行符合计数，在参考光路即能呈现出物体清晰的像。关联成像的这种在不包含物体的光路上呈现其像的特点，相异于经典光学成像只能在同一光路得到物体的像，体现了纠缠光量子的非定域性，是 Einstein 等所提出的量子纠缠特性的表现之一[157]。随后人们开始多角度、深入地探讨关联成像的本质，有关纠缠双光子"鬼"成像和"鬼"干涉等许多理论和实验研究工作相继发表[158-160]。由于关联成像的首次实现利用的是纠缠光子对，Abouraddy 等一度认为纠缠光是关联成像的必备条件[161]，只有纠缠光源产生的双光子才能实现关联成像，而经典非纠缠光源不能实现关联成像。

然而 2002 年，Bennink 等设计了一个精巧的装置[162]，利用经典光源（激光）将旋转的反射镜随机反射的针状激光通过光学分束器分成两束，在其中的一条光路上放置光学成像系统（凸透镜）和一个目标成像物体（幅度掩膜），并用无空间分辨的桶探测器对其探测，而在另一条光路放置空间分辨的电荷耦合器件（Charge Coupled Device，CCD）进行探测，通过对两个测量光路的关联运算后成功得到了物体的像。该结果和量子纠缠关联成像相类似，完成了基于经典光源的"鬼"成像实验。通过实验对比，他们还发现量子纠缠光源在近场或远场都能成像，而经典光源只能在其中一个场成像。这一极具启发性的工作，客观上否认了量子纠缠是实现关联成像的必备条件，引发了学术界关于量子关联成像本质的广泛讨论。

2003 年起，意大利的 Gatti 等首先从理论上指出，不仅针状光束可以实现"鬼"成像，类似热光的散斑光束也可以实现"鬼"成像[163]。从 2004 年开始，史砚华等[164]、Ferri 等[165]以及 Bogdanski 等[166]分别从实验上观察到了热光源的关联成像。大量的理论和实验都表明了热光可以作为一种新型的光源模仿 SPDC 产生的纠缠光源用以实现关联成像。

在同一时期，韩申生等利用统计光学理论分析了经典热光关联成像，并提出了利用光源实现无透镜傅里叶变换关联成像的应用方案[167]。汪凯戈等从几何光学角度对量子纠缠关联成像和经典关联成像进行了比较，研究了关联成像和亚波长干涉效应[168]。朱诗尧等也从"鬼"干涉和"鬼"成像的角度出发，分析了相干光源和非相干光源的异同点[169]。2005 年，吴令安等利用铷空心阴极电子管作为真热光源实现了关联成像和关联干涉的一系列实验[170]。随后，人们对热光关联成像及其对比度、可见度、信噪比、分辨率等方面进行了更加深入的理论探索与实验研究[171-173]。

最近几年，关于热光源强度关联成像的研究已成为量子光学领域的前沿和热点，使热光强度关联成像从理论到实验，进而不断朝着实用化方向发展。例如，Shapiro 从理论、Bromberg 等[174,175]从实验上先后提出了计算"鬼"成像（Computational Ghost Imaging，CGI）系统，只利用一个单像素探测器，通过一定的计算即能高分辨地呈现物体的像，使得关联成像可以用在无本底成像以及三维（3 Dimensional，3D）成像中。白艳峰等探讨了热光源高阶关联成像方案，分析了二阶关联成像和高阶关联成像的异同点[176]。Meyers 等阐明了反射式"鬼"成像理论[177]，与传统透射式"鬼"成像不同，反射式"鬼"成像系统更适合在实际场景中应用。程静等通过理论分析，归纳出了有大气湍流噪声情况下热光关联成像的性噪比、可见度等性质[178]。Karmakar 等首次应用太阳光作为光源，成功实现了热光关联成像实验[179]。特别是 2010 年 Ferri 等对传统二阶关联算法进行了改进和实验验证，提出了差分"鬼"成像方案（Differential Ghost Imaging，DGI）[180]，这种方案可有效地提高热光源二阶强度关联成像的信噪比，可用于现实复杂物体的成像。随后，2012 年 Sun 等在 DGI 的基础上，进一步提出归一化"鬼"成像（Normalized Ghost Imaging，NGI）方案[181]，对于特定场景下的成像，比传统关联成像有较大幅度的提高，获得和 DGI 相当的性能。此外，罗开红等通过理论与实验研究，提出一种热光关联成像方案（Correspondence Imaging，CI）[182]，这种方案以物臂中桶探测器测量值的均值为判决条件，将探测值分为高于和低于均值的两部分，同时将对应次的参考臂 CCD 探测器的测量值也分为两部分，仅利用物臂与参考臂的部分测量数据，即能完整地恢复出原始物体的正图像或负图像。随后，Wen 对该方案作了进一步的理论分析，指出该方案的成像可见度能够突破传统关联成像理论极限，达到 100%，并讨论了实际场景中的应用[183]。

　　然而，以上所介绍的热光强度二阶关联成像系统，要想获得不错的成像质量，必须进行大量的采样，用远多于目标图像分辨率的探测点数来恢复物体图像，这就使其一方面成像速度不够快，另一方面对海量数据的存储、传输及处理的硬件设备要求极为严苛，造成针对关联成像的进一步实验研究和其实际应用的发展受到限制，如何提高关联成像的成像效率和成像质量成为亟待解决的问题。

　　另一方面，注意到信息处理领域近年兴起并逐渐成熟的压缩感知理论（Compressive Sensing，CS），该理论将信号获取与压缩相合并，能够用远少于物体信息的 Nyquist 采样极限的采样点数来精确地恢复出原始物体图像[184]，现已被广泛地应用于经典成像系统。例如，核磁共振成像、天体成像、太赫兹成像和单像素相机等。特别值得注意的是，2009 年 Katz 等最早将 CS 理论引入热光源关联成像系统[185]，使得测量次数大大减少，成像效率明显提高。其后，基于压缩感知的关联成像理论也成为热点，其实际应用研究也迅速得到了关注，如 2012 年韩申生等利用压缩感知关联成像技术实现了远距离雷达探测实验[186]，并与传统雷达系统作了比较。

10.2　纠缠光关联成像

最早的关联成像实验由Pittman等[155]在Klyshko的理论方案启发下[156]于1995年实现的，实验装置如图10.1所示。

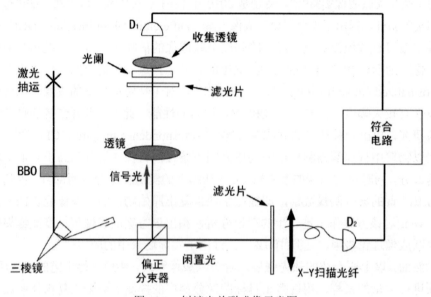

图 10.1　纠缠光关联成像示意图

一束波长 351.1nm、直径 2mm 的连续波激光泵浦一个 II 型非线性 BBO 晶体，通过非线性光学过程，即自发参量下转换（SPDC）过程，产生相互正交极化的纠缠光子对，分别叫做信号光和闲置光。泵浦光与信号光和闲置光几乎共线，它们的频率满足以下关系：

$$\omega_s \approx \omega_i \approx \omega_p / 2$$

（10.1）

式中，s 为信号光；i 为闲置光；p 为泵浦光；ω 为光的频率。

从 BBO 晶体射出的光再经过一个分光镜分离出信号光和闲置光，然后在一个极化分束镜的作用下，分别将两路光分别送至两套不同的光学系统。其中，信号光先透过一个焦距为 400mm 的凸透镜和一个干涉滤光片，照射一个固定的透射物体，其后置一短焦距收集透镜，在焦点处放置一个桶探测器 D_1 对其测量，实验过程中 D_1 的相对位置保持不变。闲置光经过一定距离的自由空间传播，透过一个干涉滤光片后，在探测平面由探测器 D_2 进行逐点空间扫描测量。D_1 和 D_2 分别独立进行光子计数，单独观测任何一个探测器的输出，都不能得到物体的像。最后，

将两个探测器所探测的量进行关联运算，却能够欣喜地呈现一个被探测物体的
"鬼"像。

在如图 10.1 所示的关联成像系统中，信号光路包含了物体的信息，但是采用
单像素探测器对其进行测量，该探测器没有任何空间分辨能力；闲置光路虽然做
了空间分辨测量，但是该光路不含物体的任何信息。然而对两者进行关联运算，
却能够呈现物体的像，它体现了光量子的非定域性（Einstein-Podolsky-Rosen
paradox，EPR）。

10.3　热光关联成像

在人们刚开始研究关联成像时，都认为实现关联成像必须使用纠缠光源，才
能达到最终成像的目的。随后，Gatti 和 Brambilla 等的热光源关联成像实验的成
功[162,163]，开始改变了人们的看法。

在实验中，热光源比纠缠光源更容易获得，所谓的热光源就是利用热能激发
的光源，如白炽灯、弧光灯和太阳光等，都属于热光源。在光学研究中，热光源
中的原子发出的光具有独立性和随机性，那么可以将这些光构造成的热学光场，
看作无数个独立的随机变量之和，根据这种理解，更容易用数学的方法进行构造。
由中心极限定理可知，热光的光子振动服从正态分布，时空上的光子振动服从高
斯分布，根据这一定理可知，热光场是高斯随机过程。

为了能够更容易理解，我们需要从公式入手。讨论 x 方向的偏振光，设 $u_x(p,t)$
为光场在 p 点和 t 时刻的电场矢量在 x 方向上的分量，则：

$$u_x(\vec{\rho},t) = A(\vec{\rho},t)e^{-j2\pi\upsilon t} \tag{10.2}$$

式中，$A(\vec{\rho},t)$ 为其复包络；υ 为中心频率。

根据上述介绍可知，$u_x(\vec{\rho},t)$ 和 $A(\vec{\rho},t)$ 都是高斯过程。不同基元辐射体相互
间的贡献是独立无关的，同一基元辐射体的振幅和相位也独立不相关，并且每一
原子辐射的随机相位基本都是均匀分布在区间 $(-\pi,\pi)$ 上，即相位的分布概率密度
$p(\upsilon)$ 满足：

$$p(\upsilon) = \begin{cases} 1/2\pi, & -\pi < \upsilon < \pi \\ 0, & other \end{cases} \tag{10.3}$$

由此可知，$u_x(\vec{\rho},t)$ 和 $A(\vec{\rho},t)$ 都是均值为 0 的对称高斯过程。

光的频率大约为 3.8～7.6×10^{14} 赫兹，目前的探测器中很难跟得上这样快的变
化。它们只能够探测光功率或光强，而不能测出光振动的波形和相位。将 $I_x(\vec{\rho},t)$
（偏振光的瞬时光强）定义为光场解析信号：

$$I_x(\vec{\rho},t) = |u_x(\vec{\rho},t)|^2 = |A(\vec{\rho},t)| \tag{10.4}$$

于是，光场强度的时间平均 $I_x(\vec{\rho}) = \langle I_x(\vec{\rho},t) \rangle = \overline{I}_x(\vec{\rho})$。由于 $A(\vec{\rho},t)$ 是高斯过程，$A = |A(\vec{\rho},t)|$ 服从瑞利分布，即：

$$p(A) = \begin{cases} \dfrac{A}{\sigma^2} \exp\left(-\dfrac{A^2}{2\sigma^2}\right), & A \geqslant 0 \\ 0, & other \end{cases} \tag{10.5}$$

在式（10.5）中，σ^2 是 $A(\vec{\rho},t)$ 的方差。记 $I \equiv I_x(\vec{\rho},t) = A^2$，通过变换可得：

$$p(I) = \begin{cases} \dfrac{1}{2\sigma^2} \exp\left(-\dfrac{I}{2\sigma^2}\right), & I \geqslant 0 \\ 0, & other \end{cases} \tag{10.6}$$

从式（10.6）可知，热光源场中的某一个时空点的瞬时光强度服从负指数分布。

光探测器在实际测量中并不能测量获得热光的瞬时涨落强度，因为响应时间比热光的相干时间要长，所以无法精确测量。研究人员常使用赝热光来进行实验。赝热光可以用相干光对旋转的毛玻璃散射获得。在旋转的毛玻璃上照射一束相干光，光的相位就会因为毛玻璃的散射发生变化，可以说该过程是一个高斯随机过程。毛玻璃在不停地旋转，也就经历了许多周期，所以光场会不停回到起始状态。由于真实的热光场不具备这种特性，所以称为赝热光源。由于赝热光的特性，在实验中常用赝热光源来代替真实的热光源。

10.4　压缩感知理论基础

10.4.1　基本原理

传统的奈奎斯特采样定理指出，当采样速率必须不低于信号带宽的两倍时，才能保证信号不会失真，传输过程如图 10.2 所示，以这种传统的采样理论进行采样浪费了大量的采样资源，因为信号中有很多数据是重复的、稀疏的，抽样速率太高，非常不利于信号的传输与储存，在现今这个信息膨胀的时代，如何提高压缩效率是一个热门和方向。压缩感知是新时代的一个非常耀眼的理论，该理论可以打破传统奈奎斯特定理，信号的采集并不取决于信号的带宽，而是内容。以该理论应用于通信中，可以大大节省传输成本。压缩感知理论的框架如图 10.3 所示。

在稀疏域条件下，用一个 $M \times N$ 的 Θ（称为测量矩阵）与 X 相乘，得到一个 $M \times 1$ 的矩阵 Y（称为观测向量），这样便于对信号进行压缩，最后可以用优化的求解方法从观测向量中重构信号[184]，得到高概率的信号 X。因为 $M < N$，即方程的个数少于未知数个数，该方程式是矛盾方程，方程的解不唯一，但是加入有一个稀疏变换得到 $M \times N$ 的矩阵 S（称为系数矩阵），也就是将 X 矩阵进行稀疏化，在这种情况下，便可以求出 X。这便是压缩感知理论的基本思想。

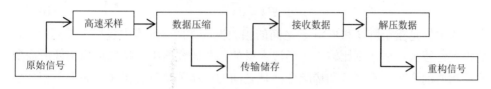

图 10.2　传统数据的传输过程图解

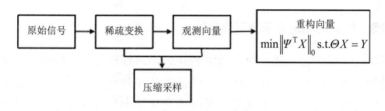

图 10.3　压缩感知理论框架

10.4.2　稀疏性与不相关性

压缩感知理论中有两个隐含的前提条件：稀疏性与不相关性。稀疏性与信号的内容有关，不相关性则与测量感知有关。

1. 稀疏性

一个连续信号所含有的有用信息比它自身带宽决定的采样速率低很多，也可以说，能够重建一个信号的有用数据远低于自身的信号长度，这样的信号便具有稀疏性。比较准确的说，自然界中的许多信号在某个合适基下能够有更加简单的表达。科学家已经证明，一个降维的矩阵集合包含重构原始信号的足够信息，这个降维的矩阵便具有稀疏性。

对一个长度为 N 的任意离散信号 X 可以用一系列的函数叠加表示，如下所示：

$$X = \sum_{i=1}^{N} \theta_i \Psi_i = \Psi \theta \tag{10.7}$$

式中，Ψ 为一组正交基，由一组基向量 $\{\psi_i\}$ 构成；θ 为信号在正交基下展开的系数。

假如该系数 θ 在很小的集合下存在，也就是有值，那么可以说该信号在 Ψ 域内是稀疏的，如果这个系数 θ 集中在一个小的范围里，那么该信号就是可压缩的。

2. 不相关性

不相关性表达这样一个思想：在基的条件下，具有稀疏特性的信号可以在其域展开。在此，给出了相关性的定义：

定义 θ 和 Ψ 表示系统之间的相关性度量，这里用 μ 表示，则有下式成立：

$$\mu(\Phi, \Psi) = \sqrt{n} \tag{10.8}$$

相关性是指矩阵 θ 和 Ψ 元素之间的相关性，如两个元素中包括了相同元素，则相关性较大；反之则比较小。通过大量的实验研究得出：精确重构图像所需要的观测值的个数、观测基和稀疏变换基之间的不相关性息息相关，如果不相关性越强，则所需要的观测值就越少；如果不相关性比较弱，如 $\theta = \Psi$，这种情况下需要所有的数据。

10.4.3　信号的稀疏表示及观测矩阵

前面也已经提到过，我们对信号的稀疏表示进行研究，为的是要找到信号在基下的最优转换。事实上，就是通过不同的方法和角度来达到更深层次认识信号的目的。信号的稀疏变换指的就是在某一个变换域中，以尽可能少的数据来表示原始的信号，并且能够以此来重构原始信号，虽然数据中只含有原始信号的一部分信息，但重要信息内容不会丢失。举个例子来说，如果信号 $X \in R^N$，若 X 中有 K 个非 0 的值，那么就可以说该 X 信号是 K —— 稀疏的[9]。在现实的世界中，几乎没有比较严格意义上的稀疏信号，但他们仍然是可以进行压缩的，当信号进行变换后，其变换系数中的大部分系数是接近于 0 的，只有小部分的系数较大，于是信号就能够用稀疏表示来逼近。

压缩感知理论的应用前提就是先要找到信号的最稀疏变换，只有在此前提下，才能使得信号的稀疏度变得足够小。当信号的稀疏度降低之后，数据的采样速率会得到提高，同时也减少了信号在传输和储存所需的费用。

在信号中，基被称为字典，字典中的元素称为原子，这种比较形象的对应，便于理解。信号 $X \in R^N$ 在某个基（字典）Ψ 下是稀疏的，即 $X = \Psi S$，在某一个字典上，如果一个信号是稀疏的，则相应的字典会给出来。主要有两种获得字典的方法：一种是基于分析，另一种是基于训练学习。基于分析的字典对其要求不高；得到基于训练学习的字典，如同是在 Ψ 和 S 未知下求解下列优化的问题：

$$\min \lVert X - \Psi S \rVert_2 \, s.t. \forall i, \, \lVert S_i \rVert_0 \leqslant T \tag{10.9}$$

式中，$X = [x_1, x_2, \cdots, x_n]$ 为输入信号；$S = [s_1, s_2, \cdots, s_n]$ 为稀疏表示；T 为控制稀疏表示的系数稀疏程度常数。

观测矩阵也叫做采样矩阵，在压缩感知理论中，根据公式 $X = \Psi S$ 可以得到

测量值 $Y = \Phi X$，故需要设计一个观测矩阵 Φ。设计观测矩阵，也就是设计一个能从信号稀疏表示捕捉有效信息的协议，从而可以使信号能够压缩成比较少量的数据。由于这些协议不是自己适应的，需要少量的原始信号和少量的波形。除此之外，相对于信号本身，观测过程是独立的。用优化的方法能够从少量观测值中恢复原信号。

在压缩感知理论中，之前已经通过稀疏变换得到原始信号的稀疏表示（$N \times 1$ 矩阵）后所需要设计观测的部分。设计观测部分是为了压缩信号，也就是得到 M 个观测值（$M < N$），同时并能保证能够压缩后的观测值中重构原始信号。如果信号在经过观测矩阵后，原始信号中的信息发生丢失，在这种情况下重构信号就变得难以做到。观测的过程中，利用 $M \times N$ 的一个矩阵对原始信号进行投影，投影的结果就是得到一个 $M \times 1$ 矩阵，也就相当于得到了 M 个观测值。记观测矩阵为 Φ，则观测矩阵图形的形象描述如图 10.4 所示。这里，Φ 不需要根据 X 的变化而变化。

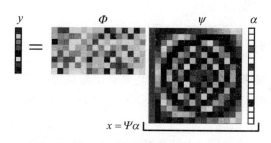

图 10.4　信号的数学模型

图 10.4 中使用随机高斯矩阵来表示观测矩阵 Φ，稀疏矩阵用傅里叶正变换矩阵 Ψ，Φ 和 Ψ 相叠加得到恢复矩阵 Θ。Θ 是稀疏的，$K = 4$，观测值中的 Y 是 θ_i 对应的四个向量组合。

用测量值 Y 求得原信号 S 是一个属于线性规划的问题，由于 $M < N$，从线性代数的角度来说，这个方程组有无穷多解。但是，如果原始信号是具有稀疏性的（$K \ll M$），这就不能简单地根据线性代数中的理论来认知了，此时的方程组就可以求出它的唯一解。此时，先确定稀疏矩阵中的 K 个非零 Θ_i 的位置，因为观测值 Y 是 Θ_i 和 K 个列向量的线性组合，所以它们可以变为一个 $M \times N$ 矩阵来求出 Θ_i 的具体值。这个求法是可实现的，有限等距性质（RIP）就给出了这种算法的充分必要条件。要求观测矩阵中的每 M 个向量所构成的矩阵必须是非奇异的，这样才能使信号完全重构。因此，如何找到非零系数的位置，同时构造出来符合要求的 $M \times K$ 的线性方程组，成为问题的关键。

如果观测矩阵和稀疏矩阵不相干，则两个矩阵很大程度上满足 RIP 性质。所谓的不相干，用线性代数的表达来说，就是两个矩阵线性无关，也就是指向量 φ_i 不可以用 Ψ_i 表示。以高斯随机矩阵作为测量矩阵，可以高概率地保证 RIP 和不相关性。高斯随机矩阵有一个性质：对于 $M \times N$ 高斯随机矩阵 Φ，当 $M \geqslant cK \log(N/K)$ 时，很大概率具备 RIP 的性质。这样以来，从 M 个观测值 Y 中，可以是长度为 N 的原始信号，而且这个概率非常高。总的来说，高斯随机矩阵和许多正交基矩阵不相关，因此选择它作为观测矩阵，同时也满足 RIP 特性。有时候为了简化，也可以用 ±1 作为随机矩阵中的元素，同样也具备 RIP 特性和普遍适用性。

对观测矩阵的探索是压缩感知的一个非常重要的方面。观测矩阵有三个方面必须具备：部分傅里叶集、部分 Hadamard 集、一致的随机投影。具备了这三个条件，也就可以作为观测矩阵。同时，这三个条件和 RIP 的研究结果一致。但是需要注意的是，使用上面所述的观测矩阵，并不能保证完美的精确重构信号，只能够以很高的概率重构信号。

10.4.4 重构算法

重构算法是压缩感知理论的核心，也是其中最关键的部分。算法的重点是以少量的采样点，精确、迅速地重建原始信号。然而，即使对于一幅简单的图像，重构的计算量也是十分的庞大。

有一种方法，是近代基于贪婪思想的迭代方法被科学家提出。其中利用匹配追踪（MP），还有正交匹配追踪法（OMP）来解决重构问题，这两种方法简化了运算，大大提高了重构的效率，同时，该算法也易于实现，这种算法需要 $M \gg 4K$ 个采样点才能比较高概率地重构原始信号，而且，复杂度也大大降低。分段正交匹配追踪法是 OMP 算法的一种简化，代价是逼近精度，提高了运算的速度，对于复杂问题更加适合。总而言之，目前的关于压缩感知的重构算法可以归为三大类：

（1）贪婪类算法。以多次迭代的方法来换取运算的简化，每次迭代选取一个最优解并确定其位置。算法包括匹配追踪算法和正交匹配追踪算法。

（2）凸松弛法。如 BP 算法，通过将非凸问题转变为凸化问题，从而逼近信号，这种算法需要的观测数最少，但是计算量大。

（3）组合类算法。这类算法要求信号采样分组重建，如傅里叶采样、HHS 追踪等。

由上述可知，压缩感知的重构算法的目的就是在采样数和计算量之间取其中的平衡，好的算法就是以少量的采样数和复杂度低的计算，重构比较稳定的原始信号。

1. 贪婪类算法

贪婪追踪算法，该方法的主要思想是：重构的过程中进行多次迭代，每一次迭代，都要从完备原子库中选择与原始信号最佳匹配的信号来找到原始信号的位置和数据，并将求出来的信号作为残差，然后将该残差与后续的完备原子库继续匹配，直到满足测量观测值次数为止，得到最后的数据即为稀疏化后的信号，然后进行简单的逆变化得到原信号[13]。

贪婪算法的基本步骤：

（1）给定初始估计值 $\theta^0 = 0$。

（2）根据 $A(\theta - \theta^0) = A\theta - A\theta^0$，确定出 $\theta - \theta^0$ 的大概值 Δ。

（3）记录 Δ 中筛选出的最佳匹配的值以及他们的位置，将其余的值置为 0，更新 $\theta^0 = \theta^0 + \Delta$。

贪婪类的算法有许多种，但常用的主要有匹配追踪算法（MP）和正交匹配追踪算法（OMP），在此基础之上，也有改进的正交匹配追踪算法，也有分段正交追踪算法等。本章主要介绍正交匹配追踪算法。

2. 匹配追踪算法（MP）

匹配追踪算法是贪婪算法中的一种，这种算法以减少采样数量来换取更快的计算速度，并且易于实现，匹配追踪算法利用的是最大相关匹配原则：

$$\max \left| < r_{t-1}, \Theta_j > \right| \tag{10.10}$$

式中，r_{t-1} 为剩余分量，也称为信号残差；Θ_j 为矩阵 Θ 中的一个列向量；t 为迭代的次数。

在这里简述一下步骤：公式表达的是第一次迭代筛选出与 r_{t-1} 最为匹配的原子 Θ_j，之后对该列进行更新，使得所得的值不断地逼近原信号 X 的稀疏表示 S。第 t 次迭代后残差可以分解为：

$$r_{t-1} = < r_{t-1}, \Theta_j > + r_t \tag{10.11}$$

匹配追踪算法的步骤如下：

（1）初始化：$r^0 = y$ 和 $X_{MP}^0 = 0$，$i = 0$。

（2）当 $\left\| A X_{mp}^{(i)} - y \right\|_2 > r_{mp}$ 时。

（3）进行下一步的迭代：令 $i \leftarrow i + 1$。

（4）选择 $q^{(i)} \in \arg \max_{j=1,2,\cdots,n} \left| a_j r^{(i)} \right|$。

（5）更新残差：$X_{MP}^{(i)}\big|_{q^i} = X_{MP}^{(i-1)}\big|_{q^i} + a_{q^i}^* r^{i-1}$，$r^i = y - Ax_{MP}^{(i)}$。

（6）中止：$\left\| AX_{mp}^{(i)} - y \right\|_2 \leqslant r_{mp}$。

输出：索引集 $q^{(i)}$，重建信号 $r^{(i)}$。

3. 正交匹配追踪算法（OPM）

正交匹配追踪算法和匹配追踪算法类似，都是经过多次的迭代，每次从字典中选出与原始信号最为匹配的原子，而且求出剩余分量，也就是残差，再选择和其匹配的原子。以这样的方法，经过一定次数的迭代之后，便可以求出原始信号的稀疏表示。

与匹配追踪法不同之处在于，在每次迭代中，正交匹配追踪法将测量值 y 正交投影到观测矩阵 Θ 中去，以此来更新残差值。正交匹配追踪算法的步骤大致如下：

输入：观测值 $y = \Phi x$，恢复矩阵为 $\Theta = \Phi\Psi$，稀疏度为 K。

（1）初始化：残差 $r_0 = y$，循环次数 $i = 0$，索引集 $\Lambda_0 = \varphi$。

（2）更新索引集合增量矩阵：$\Lambda_i = \Lambda_{i-1}\{\lambda_i\}$，$D_i = [D_{i-1}\omega_{\lambda_i}]$。

（3）利用最小二乘法来解得原始信号的估计值 $s_i = \arg\min_s y - D_i S_2$。

（4）更新残差：$r_i = y - \Theta s_i$。

（5）开始循环，直到 $i = K$ 时，结束循环。

输出：残差值 r_i，原信号稀疏表示的系数矩阵 S。

最后，以稀疏矩阵 S 求出原始信号 X。

相比于 MP 算法，OMP 算法计算方面的复杂度相对较低，OMP 拥有 MP 算法的原子选择的方法，但是因为引入了正交化，每次循环并不会重复地选择相同的原子，算法更迅速地收敛。如图 10.5 所示为 OMP 算法流程图。

4. 算法的实现步骤

正交匹配追踪算法的流程图如前面所述，具体算法需要下述步骤：

（1）首先需要生成高斯随机矩阵（$M \times N$）作为观测矩阵，$\Phi = randn(M,N)$，然后该矩阵与原始信号相乘得到观测值 y，即 $y = \Phi X$。

（2）对稀疏矩阵进行设计。在这里用傅里叶正交变换矩阵来表示，式为 $\Psi = fft(eye(N,N))/sqrt(N)$，式中 Ψ 的长度为 $N \times N$ 的稀疏矩阵，逆向得到重构向量 $X = \Psi^T S$，其中 S 是原始信号的稀疏矩阵，是 K 项稀疏的。$\Theta = \Phi\Psi^T$ 即为恢复矩阵，这样，$y = \Theta S$ 来代替 $y = \Phi\Psi S$。在这个式子中，未知数的个数大于方程的个数，即 $M < N$，方程本应该有无穷多解。但是因为 S 是 X 的 K 项稀疏矩阵，因此该方程可以求解。

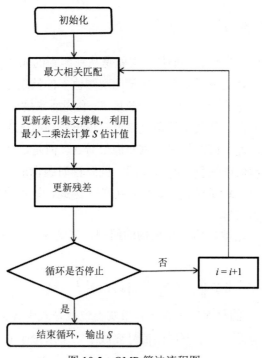

图 10.5　OMP 算法流程图

（3）先设稀疏度为 1，即在 S 中有唯一非零的元素 S_q，其对应的位置为 q，在 $y = \Theta S$ 中，y 为恢复矩阵和第 S 列的原子和稀疏矩阵唯一非零元素的乘积。因此，需要通过比较 $T = \Theta$ 的所有列元素与 y 的乘积，找出内积最大的那列，然后就可以对应其中的位置，即为 q。

（4）计算该方程运用了最小二乘法，可以得到 $S_q = (T_q^T T_q)^{-1} T_q^T y$，此时，$\|y - T_q S_q\|$ 绝对值最小。计算残差 r_n，始终与 T_q 相正交，这点也对应 OMP 中的正交二字。

（5）因为进行实验的信号稀疏度不可能只为 1，所以需要找到与余量 r_n 和 T 中所有列向量最大的值（前面找的几次需要一一排除，因为它们已经找到了最大项，而且已经保留）。

（6）更新残差：$r_n = y - \dfrac{<T_q, r_{n-1}>}{<T_q, T_q>} T_q$。

（7）于是就可以进行相同的循环，直到循环 K 次，找到原始信号 K 个重要的分量（迭代次数要大于等于 K），此时可以得到原始信号的稀疏表示 S。

（8）最后一步，由得到的 S 进行逆变换得到原始信号 $X = \Psi^T S$。

10.4.5 信号的重构

压缩感知理论有一个核心的问题，那就是从观测到的 M 个观测值中重构出 N 长度的原始信号，也就是说，要在未知量比观测值多的情况下重构信号。在方程中，观测值 M 的数量远小于原始信号的长度 N，因此，求解欠定方程组 $Y = A^{CS}X$ 成为了问题的关键所在。从数学的角度来说，该方程组有无穷多解，因此不可能得到唯一解，也就是说不可能从 Y 中恢复原信号 X。但是，如果初始的信号 X 是稀疏的，那么从观测值中恢复是有可能的，同时该问题也成了一个求解凸优化的问题。前文已经说明，X 是稀疏的、可压缩的，因此，这两个条件就可以保证从观测矩阵中恢复原始信号。

为了能够比较清楚地表达信号重构的问题，先定义向量 $X = (x_1, x_2, \cdots, x_n)$ 的 p-范数为：

$$\|X\| = \left(\sum_{i=1}^{N} |x_i|^p\right)^{1/p} \tag{10.12}$$

在 $p = 0$ 时，表示的是 X 的 0 范数，事实上也就是式中 X 的非零项的个数。X 为稀疏信号，在此前提下，求解原始信号变成了一个求最小 0 范数的问题。

$$\min\|\Psi^T S\|_0 \; s.t. A^{CS}X = \Phi\Psi X = Y \tag{10.13}$$

求解最小 0 范数的问题是一个比较复杂的难题，X 中的非零的位置有 C_N^K 种组合，因此需要把该问题转化为另一种计算方法。可以看出，该方法也是一个数学优化问题。

最近的研究表明，求解 0 范数的问题可以用求解 1 范数的问题解决，这样可以得到相同的解，同时算法也相对更为简单，如下所示：

$$\min\|\Psi^T S\|_1 \; s.t. A^{CS}X = \Phi\Psi X = Y \tag{10.14}$$

这个算法就简化了信号重构的难度，但这并不是唯一的一种算法，现在寻找合适的算法已经成为一个比较热门的方向，比较好的方法如贪婪算法已经被提出，将这个算法应用于压缩感知，能够对信号进行重建。

10.4.6 重建的结果与分析

在 MATLAB 平台下，为了验证重构信号所需要的观测值 M 的大小情况，这一节选取了不同的 M 对图像进行采样和重构。下面是图像在稀疏度 $K = 220$ 的情况下，不同采样数的重构效果，如图 10.6 所示。

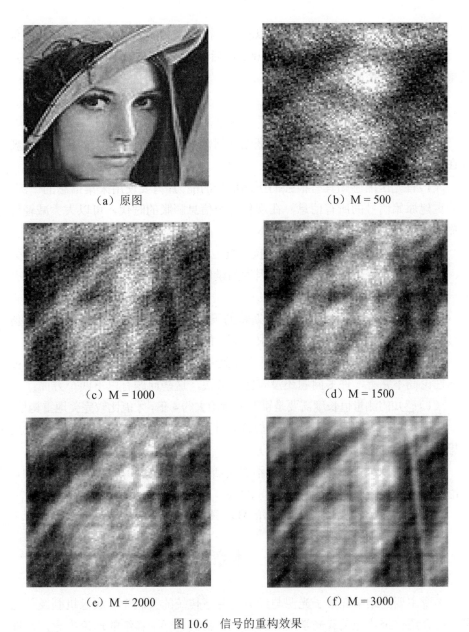

(a) 原图 　　　　　　　　　　 (b) M = 500

(c) M = 1000 　　　　　　　　 (d) M = 1500

(e) M = 2000 　　　　　　　　 (f) M = 3000

图 10.6　信号的重构效果

图 10.6 是在不同 M 下的重构效果，与原图的相似度如表 10.1 所示。

表 10.1　二维信号重构相似度

M 值	500	1000	1500	2000	3000
相似度	0.6232	0.7305	0.8064	0.8416	0.8725

由图像重构效果和误差表格可以看出，在 $M < 1000$ 的情况下，重构的图像几乎看不到与原图有相似之处；$M > 1000$ 以后，随着 M 值逐渐增大，图像的重构效果越来越好，清晰度也逐渐增加。

10.4.7　压缩感知的优势与不足

和传统的信号传输方法相比，毫无疑问，压缩感知具有很大的优势，主要表现在以下三个方面：

（1）首先压缩感知具有很强的压缩信号的能力，只要使用采集信息的一部分，就能重建原始信号的所有信息，在现代这个信息膨胀的时代，可以大大减轻信号传输的压力，同时也节省了传输成本。

（2）压缩感知技术具有很强的抗干扰能力。即使测量值在传输过程中损失几项，仍然能够完美重构原始信号。因为测量值中不是每一项都是重要的，只有其中一部分信息对我们来说是必要的。

（3）由于压缩感知突破的奈奎斯特的限制，降低了采样的速率，因而在传输的过程中，降低了对设备的硬件要求，信号的通信成本也大大降低。

相对于优势，压缩感知也有其不足之处。因为压缩感知理论近几年内才被提出，理论尚不完善，许多问题还没有完全解决，这些问题有以下四个方面：

（1）感知的测量值长度需要是重要分量的大约 4 倍，才能比较完美地重构信号。

（2）重构算法的复杂度仍然比较高，对于原始信号中含有噪声的重构效果不理想。

（3）压缩感知理论尚不完善，不够灵活，也没有实际运用到现实生活中，该理论仍然需要一段时间来研究。

（4）压缩感知无法完美地重构信号，只能以最优解来近似求解。

10.5　本章小结

本章主要介绍了在量子光源与经典光源下传统的关联光学成像机制及关键技术。在介绍传统热光关联光学成像机制时，我们进行了详细的理论推导，该推导过程有助于理解与分析热光关联光学成像过程。最后，对关联成像中用到的压缩感知算法进行了详细的介绍，包括信号的稀疏表示、观测矩阵的设置，以及重建算法和步骤等，并指出了压缩感知算法的优势与不足。目前关联光学成像在应用领域的研究尚不完善，传统关联光学成像机制的光路结构有待进一步优化，成像性能也需要进一步提高，因此对其新机制或新技术的研究十分重要。

第 11 章　计算关联成像及其应用

关联成像作为一种新型的成像方式，因其新颖的物理内涵、独特的成像能力、潜在的广泛应用，逐渐获得了越来越多的关注，并取得了长足的发展。在传统的赝热光关联成像中，一束光与目标（或样本）作用后被一个无空间分辨能力的单像素（或"桶"）探测器接收，作为信号路；另一束光不与目标相互作用，直接被扫描针孔探测器或高分辨率阵列探测器接收，作为参考路。所谓的"鬼像"获名于单独其中任何一条光路均无法恢复出目标图像：信号路与目标发生作用，可是其探测器却没有空间分辨能力；参考路探测器具有空间分辨能力，可是光路却没有与物体发生作用。然而，对两个探测器接收的信号进行关联算法计算，能够清晰地恢复出目标的图像。由于具备了如此奇特的性质，关联成像提供了一种新型的强大的成像方式。近年来，对关联成像的研究热点已经逐渐从物理机制和基础理论研究转移到实际应用中的探讨。本章主要介绍计算关联成像的原理及其在信息安全中的应用。

11.1　基于计算关联成像的加密方案

由于光学信息处理技术独有的并行信息处理和多维度的特点，近几年已被广泛应用于信息安全领域[15-27]。而且，随着光电子器件的不断发展，以光场为载波对图像或全息进行信息处理已具有得天独厚的优势。作为与加密技术相互对立又密不可分的技术，密码分析技术也相向而生，并推动了光学加密技术的进一步发展[103-112]。然而，大多数基于随机相位编码的加密技术将明文图像加密为复图像，这为数据传输和存储带来不便。

在基于计算关联成像（CGI）的加密技术中[174]，一束空间相干光经一系列随机相位板调制，然后不断照射秘密图像之后会聚于桶探测器（无空间分辨率的单像素探测器），获得密文。该技术将二维图像转换为一维强度数据，因此基于计算关联成像的光学加密方案极大地减少了密文的数据量。产生随机相位板的一系列随机数作为该加密技术的密钥。通过密文与随机相位板衍射之后的光强信息进行关联运算，解密获得秘密图像。在过去的几年中，基于计算关联成像的信息安全技术已获得了快速发展，产生了很多新的技术方案[187-191]。例如，为了获得更高的安全性和鲁棒性，有人提出了一种基于 QR 码的计算关联成像加密技术[187]；为了提高数据的存储和传输效率，增强系统的安全性，有人提出了基于类似迷宫（Labyrinth-like）相位调制和压缩感知（CS）的计算关联成像加密技术[188-190]。上述加密方法已极大地扩展了强度关联成像在光学信息安全中的应用。

11.1.1 加密原理

基于计算关联成像的加密技术如图 11.1 所示，一束准直相干光首先经空间光调制器（SLM）产生的随机相位板调制，然后经分束镜（BS）分为两束：物光束和参考光束。它们分别由无分辨率的桶探测器和有分辨率的电荷耦合器（CCD）探测。在此，一系列随机相位板可以通过计算机控制空间光调制器产生，作为加密系统的密钥。

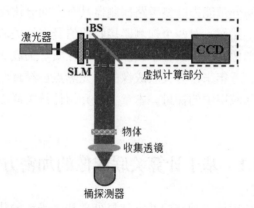

（SLM 为空间光调制器，BS 为分束镜，CCD 为电荷耦合器）

图 11.1　计算关联成像加密技术示意图

由空间光调制器产生的随机相位板 $\varphi_k(x,y)$（$k=1,2,3,\cdots,K$）在自由空间中传输距离 z 后，得到的光场分布为：

$$E_k(\xi,\eta) = \exp\left[j\varphi_k(x,y)\right] \otimes h(x,y;z) \tag{11.1}$$

式中，(ξ,η) 为 CCD 平面坐标；$j=\sqrt{-1}$；$\otimes$ 表示卷积运算；$h(x,y;z)$ 为菲涅耳衍射变换的点脉冲函数，可以表示为：

$$h(x,y;z) = \frac{\exp(j2\pi z/\lambda)}{j\lambda z}\exp\left[\frac{j\pi}{\lambda z}(x^2+y^2)\right] \tag{11.2}$$

式中，z 为空间光调制器到 CCD 平面（或物平面）的菲涅耳衍射距离；λ 为入射光的波长。

这样，CCD 探测的光强信息可以计算为：

$$I_k(\xi,\eta) = \left| E_k(\xi,\eta) \right|^2 \tag{11.3}$$

实际上，在计算关联成像中，参考光束的强度信息无需通过 CCD 探测，可以通过虚拟探测器，即计算机计算获取（如图 11.1 中的虚线框所示）。

在物光束中，物体的透射函数为 $T(\xi,\eta)$，一束光照射物体，由桶探测器探测的光强信息可以表示为：

$$B_k = \int d\xi d\eta I_k(\xi,\eta) T(\xi,\eta) \tag{11.4}$$

对于 K 个不同的相位板 $\varphi_k(x,y)$ 进行 K 次上述运算，这样物体信息即被加密为 K 个数值，构成一个一维向量 $\{B_k\}$，即密文。

解密过程中，将物平面的光强信息 $\{I_k(\xi,\eta)\}$ 与桶探测器探测的一维数据 $\{B_k\}$ 进行关联运算，即可获得解密图像：

$$\tilde{T}(\xi,\eta) = \frac{1}{K}\sum_{k=1}^{K}\left(B_k - \langle B \rangle\right) I_k(\xi,\eta) \tag{11.5}$$

式中，$\tilde{T}(\xi,\eta)$ 为重建图像；$\langle B \rangle$ 为探测到的一维数据 $\{B_k\}$ 的平均值。

11.1.2　计算关联成像加密技术的脆弱性及攻击方法

然而，计算关联成像加密技术的输入和输出成线性关系，因此，该加密技术也很难抵抗选择明文攻击，只要选取足够的明文图像，加密密钥即可通过求解线性方程获取[192]。为了克服这一安全隐患，进一步探讨了一种利用可逆矩阵进行调制增强系统安全性的方法，并通过计算机仿真验证了这一方法的可行性，也测试了系统的安全性。

作为密码分析技术之一，选择明文攻击是指攻击者事先选择一定数量的明文，然后有机会使用加密系统对其进行加密，并获得密文，攻击者通过已知的明文-密文对信息，获取系统的密钥，进而对该系统加密的其他密文进行有效解密，从而破解这一加密系统。

从式（11.5）可以看出，计算关联成像加密系统的解密密钥即为一系列随机相位板 $\{\varphi_k(x,y)\}$ 衍射之后的光强信息 $\{I_k(\xi,\eta)\}$，它由计算机计算获取。因此只要攻击者通过一定方式获取了 $\{I_k(\xi,\eta)\}$，即破解了基于计算关联成像的加密系统。根据上述思想和选择明文攻击的定义，这里有三种破解计算关联成像加密技术的方案。

方案一：从式（11.4）可知，序列 $\{B_k\}$ 是 $\{I_k(\xi,\eta)\}$ 和 $T(\xi,\eta)$ 的线性叠加，由此构成了一系列线性方程组。如果选取一系列独立的线性实值矩阵作为明文进行加密，加密系统的输入和输出即可构成一组非齐次线性方程组，它可以通过线性最小二乘法求解[27]。此方程组的解即为衍射光场的光强信息 $\{I_k(\xi,\eta)\}$，这样，该加密系统即可破解。

方案二：由式（11.4）和式（11.5）可知，在计算关联成像中，$I_k(\xi,\eta)$ 和 $T(\xi,\eta)$ 是对称的，并扮演了相同的角色。如果攻击者选取了一系列随机实值模板 $\{T_k(\xi,\eta)\}$ 来调制光强 $I_k(\xi,\eta)$，式（11.4）变为：

$$B_k' = \int \mathrm{d}\xi \mathrm{d}\eta\, I_k(\xi,\eta) T_k(\xi,\eta) \tag{11.6}$$

$I_k(\xi,\eta)$ 可通过如下关联运算获得：

$$\tilde{I}_k(\xi,\eta) = \frac{1}{K} \sum_{k=1}^{K} \left(B_K' - \langle B' \rangle \right) T_k(\xi,\eta) \tag{11.7}$$

式中，$\tilde{I}_k(\xi,\eta)$ 为光强信息 $I_k(\xi,\eta)$ 重建的结果；$\langle B' \rangle$ 为强度序列 $\{B_k'\}$ 的平均值。

这样，基于计算关联成像的加密技术也可被破解。

方案三：作为特例，如果攻击者选取仅有一个像素值为 1 而其他值全为 0 的图像作为明文（如图 11.2 所示），由桶探测器探测的结果 B_k 即为 1 像素所在位置的 $I_k(\xi,\eta)$ 的值。因此，$I_k(\xi,\eta)$ 上的所有值即可通过移动 1 像素的位置依次获取（如图 11.2 所示）。这样，只要选取 K 幅仅有一个 1 像素值的图像作为明文，即可获取解密密钥 $\{I_k(\xi,\eta)\}$，这里 K 应该等于 $I_k(\xi,\eta)$ 的像素数。

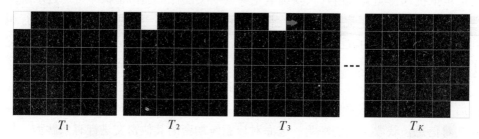

$T_1 \qquad\qquad T_2 \qquad\qquad T_3 \qquad\qquad T_K$

图 11.2　方案三中选取明文方法的示意图

值得注意的是，上述三种方法仅仅获取了参考光束中的光强信息 $\{I_k(\xi,\eta)\}$，而不是直接获取的随机相位板 $\{\varphi_k(x,y)\}$。从式（11.5）可知，$\{I_k(\xi,\eta)\}$ 充当了解密密钥，因此，即使加密密钥（即随机相位板 $\{\varphi_k(x,y)\}$）没有获取，计算关联成像加密技术仍然可以被攻破。另外，只有当加密系统包括其加密密钥都不变的前提下，选择明文攻击才会有效，因此上述方法也是在加密密钥 $\{\varphi_k(x,y)\}$ 不变的前提下有效的。如果采用不同的相位板对不同的明文进行加密（即一次一密加密方案），上述攻击方法是不适用的，正像文献[24]中提出的基于计算关联成像的加密技术，对不同的明文，其加密密钥很容易更换而又不占用过多空间。

11.1.3 攻击方法测试

1. 计算关联成像加密技术的仿真结果

如图 11.1 所示，采用波长 $\lambda = 632.8\text{nm}$ 的准直光束照射系统，空间光调制器到 CCD 平面（或物平面）的距离 $z = 50\text{cm}$。选取一幅 128×128 像素、实际尺寸为 1cm×1cm 的图像作为待加密图像，如图 11.3（a）所示。在这个仿真实验中，加密时的测量次数 $K = 128 \times 128 = 16384$，即由空间光调制器产生 16384 幅随机相位板对秘密图像进行加密，其加密数据由桶探测器获取，如图 11.3（b）所示。从加密结果可以看出，其数值无序地分布在 1200～1500 之间。

为了衡量原始图像与解密图像之间的相似性，我们选用峰值信噪比（PSNR）作为评判依据，定义为：

$$\text{PSNR} = -10 \times \lg \left\{ \frac{1}{(2^l - 1)^2 X \times Y} \sum_{x=1}^{X} \sum_{y=1}^{Y} [\tilde{g}(x,y) - g(x,y)]^2 \right\} \qquad (11.8)$$

式中，$X \times Y$ 为图像大小；l 为灰度等级；g 和 $\tilde{g}$ 分别为原始图像和重建图像。

峰值信噪比是用来衡量图像质量好坏的一个重要评判标准，它是基于两幅图像对应像素之间的均方误差来衡量的，随着 g 和 $\tilde{g}$ 的不同而减小。解密图像如图 11.3（c）所示，其 PSNR = 21.2dB。

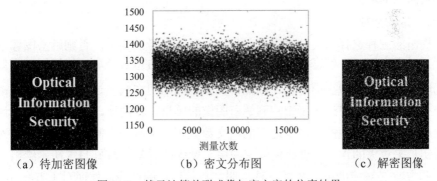

| （a）待加密图像 | （b）密文分布图 | （c）解密图像 |

图 11.3　基于计算关联成像加密方案的仿真结果

2. 三种攻击方案的可行性

本节我们将分析所提出的三种选择明文攻击方法的可行性。

方案 1：选取 16384 幅实值随机矩阵作为待加密的明文，分别对其加密得到多对明文-密文对组成了一系列线性方程组，通过线性最小均方误差获取的解即为解密密钥（即强度模板 $\{I_k(\xi, \eta)\}$）。由此解密得到的解密图像如图 11.4（a）所示，其 PSNR = 19.2dB。

方案 2：仍然选取 16384 幅实值随机矩阵作为待加密的明文，通过式（11.7）获得解密密钥$\{I_k(\xi,\eta)\}$，解密图像如图 11.4（b）所示，其 PSNR = 15.2dB。

（a）方案 1　　　　　　　（b）方案 2　　　　　　　（c）方案 3

图 11.4　三种选择明文攻击结果的解密图像

方案 3：选取只有一个像素灰度值为 1、其他像素灰度值为 0 的图像作为明文，通过从左到右、从上到下的顺序依次移动 1 像素的位置并进行加密，即可获得解密密钥$\{I_k(\xi,\eta)\}$。解密结果如图 11.4（c）所示，PSNR = 21.0dB。

比较上述结果可以看出，方案 2 的解密结果最差；而方案 1 的解密图像较清晰，但是需要花费大量的时间求解数量巨大的线性方程组；方案 3 也许是破解基于计算关联成像加密系统简单有效的方法，因为该方法既没有复杂的运算，又能获得最清晰的解密图像。

3. 结果分析

提出的三种选择明文攻击方案必须选取足够数量的明文，否则解密图像很不清晰。对于方案 1，解密密钥$\{I_k(\xi,\eta)\}$通过最小均方拟合获取，线性回归系数随着选取明文数量的减少而降低。因此，如果选取的明文数量过少，将会在解密密钥中引入误差，也将进一步影响到解密图像的质量。相同地，方案 2 是基于计算关联成像的原理实现的，减少选取的明文数量相当于减少了测量次数，也将为解密密钥带来更大的误差，进而使解密图像质量变得更差。如图 11.5 所示给出了方案 1 和方案 2 对应的 PSNR 随着选取明文数量变化的曲线。然而对于方案 3，一幅带有一个 1 像素的明文只能重建解密密钥$I_k(\xi,\eta)$中的一个像素。如果选取的明文数量少于解密密钥的尺寸（即所有像素数），部分解密密钥将会丢失，秘密图像的对应部分也将丢失。如图 11.6（a）和（b）所示分别给出了选取 12288 幅（解密密钥像素数的 75%）和 8192 幅（解密密钥像素数的 50%）明文时的解密图像，从解密结果可以看出，解密图像是不完整的。因此，对于方案 3 我们必须选取足够数量的明文以避免解密图像信息的丢失。

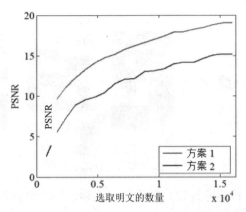

图 11.5 方案 1 和方案 2 对应的 PSNR 随着选取明文数量的变化曲线

（a）12288 幅（解密密钥像素数的 75%） （b）8192 幅（解密密钥像素数的 50%）

图 11.6 方案 3 选取明文时的解密图像

11.1.4 安全增强方法

为了避免上述攻击，基于可逆矩阵调制提出了一种简单的安全增强方法，其流程图如图 11.7 所示。待加密图像首先通过如图 11.1 所示的计算关联成像系统进行加密，由桶探测器获取加密数据 $\{B_k\}$；之后将一维数据 $\{B_k\}$ 转化为 $M \times N$ 的二维矩阵，并经 $N \times N$ 的可逆矩阵 Φ 调制得到密文 D，即：

$$D = C\Phi \tag{11.9}$$

式中，可逆矩阵 Φ 可以通过对单位矩阵随机多次执行初等运算获得。

根据线性代数理论[27]，主要有三种行列初等变换：①对调两行（或列）；②以非 0 数乘以某一行（或列）的所有元素；③把某一行（或列）所有元素的 k 倍加到另一行（或列）对应的元素上去。

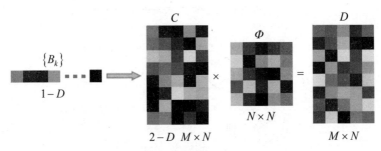

图 11.7　安全增强方法的流程图

解密即为加密过程的逆过程，首先将密文乘以矩阵 Φ 的逆矩阵，即：

$$C = D\Phi^{-1} \tag{11.10}$$

式中，Φ^{-1} 为矩阵 Φ 的逆矩阵。

这样，一维的光强数据 $\{B_k\}$ 可以通过二维矩阵 C 变换获得，进而秘密图像也可以通过式（11.5）重建。

这里，将由 16384 个元素组成的一维向量（如图 11.2 所示）转换为一个 128×128 的二维矩阵，如图 11.8（a）所示。随后采用一个 128×128 的可逆矩阵作为附件密钥对密文进行调制，得到密文如图 11.8（b）所示。通过执行加密运算的逆运算解密，获得秘密图像，如图 11.8（c）所示，其 PSNR = 21.2dB。

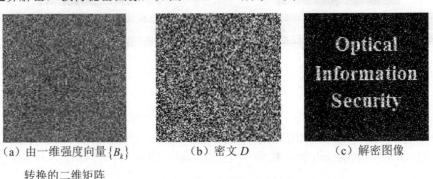

（a）由一维强度向量 $\{B_k\}$　　　　（b）密文 D　　　　（c）解密图像
　　　转换的二维矩阵

图 11.8　安全增强方法的仿真结果

该方案中除了由空间光调制器产生的随机相位板 $\{I_k(\xi,\eta)\}$ 外，可逆矩阵 Φ 作为系统的附件密钥增强了计算关联成像加密技术的安全性。如果矩阵 Φ 是未知的，一维强度向量 $\{B_k\}$ 就不可能获得，这样方案 1 和方案 2 就难于奏效。如图 11.9（a）和（b）所示分别给出了当任意选取一个可逆矩阵 ϕ' 作为解密密钥进行解密的对应于方案 1 和方案 2 的解密图像。

对于方案 3，我们假定选取了一幅在 (s,t) 位置为 1、其他位置为 0 的待加密明文，矩阵 C 由 $\{I_k(s,t)\}$ 组成，密文 D 可以计算为：

$$D(m,n) = \sum_{i=1}^{N} C(m,i)\Phi(i,n) \tag{11.11}$$

换言之，密文 D 为 C（即 $\{I_k(s,t)\}$）经矩阵 Φ 调制后求和的结果。这样，在 Φ 未知的前提下，解密密钥 $\{I_k\}$ 是不可能被获取的，所以方案 3 也不能破解上述加密系统。如图 11.9 所示给出了在错误可逆矩阵调制下获得的解密图像。因此，基于可逆矩阵调制的安全增强方法，能够有效抵御本章提出的三种攻击方案。

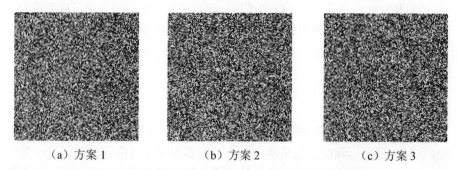

(a) 方案 1　　　　　(b) 方案 2　　　　　(c) 方案 3

图 11.9　三种方案分别对基于计算关联成像加密技术安全增强方法的选择明文攻击结果

正如前面所述，本章提出的攻击方法是基于加密密钥（即随机相位板）对所有明文不变的前提下进行攻击的，因此除了可逆矩阵调制的方法外，还存在一些针对计算关联成像加密技术的攻击方法，如：①加密不同明文时简单调整随机相位板的次序；②针对不同的明文采用不同的变换进行加密；③对不同明文加密时简单扰乱随机相位板等。所有上述方案都将实现准一次一密加密技术，抵御选择明文攻击。

11.2　基于正交调制的多用户计算关联成像加密技术

在多用户的应用中，密文和密钥的分发、传输和存储是实际应用中必须解决的问题。自从基于双光束量子纠缠光源和经典热光源的关联成像实验成功实现以来，作为一种引人注目的光学技术——关联成像，当前已受到极大关注。最近作为关联成像的扩展，计算关联成像将明文加密为简单的一维强度向量，而不是二维复制矩阵，极大地减少了需要传输和存储的数据量，目前已成功应用于光学信息安全领域。之后又有人提出了许多方法增强了该技术的安全性，并扩展了它的应用领域[190-192]。另外，基于信息融合理论又出现了几种秘密分享方案[193,194]，该方案中一幅秘密图像被加密为多个部分，并分别传输给多个用户，这项技术是一种多用户的认证方案，并且已经在很多实际应用中为用户带来了安全。

在多用户应用中，发送者有时需要为不同的合法用户传输不同的秘密图像。如果能够将多幅秘密图像的密文为所有合法用户共享，但是任何人都只能利用自己的密钥从共享密文中提取自己的秘密图像，如果实现这一功能，必将极大地减轻信道负担。近年来，为了避免提取秘密图像时的相互串扰，研究者已采取了正交编码的方法为不同合法用户设计密钥，解决了这一问题。本节我们结合计算关联成像和正交调制为多用户应用实现了一种安全方便的光学加密方案[195]。该方案中，所有秘密图像首先经计算关联成像技术加密，然后经正交矩阵调制，获得密文。计算关联成像中的随机相位板充当了加密系统的密钥，而正交矩阵中的每一个向量都成为了一个用户的地址。只有当加密密钥与地址编码匹配时，秘密图像才能从密文中重建出来，因此在该加密方案中存在两个安全等级以保证秘密图像的安全。

11.2.1 理论分析

1. 加密方法

该加密过程的流程图如图 11.10 所示。一束空间相干光经分束镜分为 N 束，分别经空间光调制器调制。这里的空间光调制器用来通过电脑控制产生一系列均匀分布在 $0\sim2\pi$ 之间的随机相位板 $\{P_n^r\}$，作为该加密系统的加密密钥，这里下标 $n=1,2,\cdots,N$，上标 $r=1,2,\cdots,M$，N 和 M 分别为待加密图像的数量和测量次数。

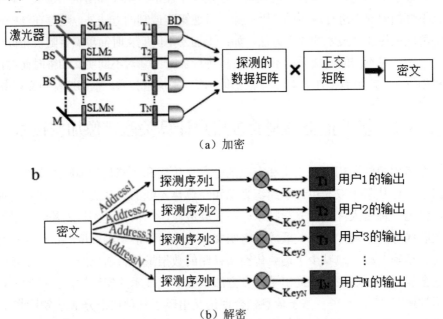

（a）加密

（b）解密

（BS：分束镜；M：反射镜；SLM：空间光调制器；T_n：秘密图像；BD：桶探测器）

图 11.10　加密、解密过程流程图

每束调制后的光束分别照射一幅秘密图像 T_n，投射光束会聚于桶探测器（BD），获得测量数据 D_n^r。这里，用来获取会聚光光强的桶探测器可以用一个光电二极管完成，它是一个没有空间分辨率的单像素探测器。

对每一光束中不同的随机相位板 P_n^r 重复 M 次上述过程，探测获得光强序列 $\left| D_n^r \right\rangle$，即：

$$\left| D_n^r \right\rangle = \left| D_n^1, D_n^2, \cdots, D_n^M \right\rangle \tag{11.12}$$

其中：

$$D_n^r = \int I_n^r(x,y) T_n(x,y) \mathrm{d}x\mathrm{d}y \tag{11.13}$$

$I_n^r(x,y)$ 为 P_n^r 的菲涅耳衍射的光强，即：

$$I_n^r(x,y) = \left| P_n^r(x,y) * h(x,y,z) \right|^2 \tag{11.14}$$

式中，$*$ 表示二维卷积运算；$h(x,y,z)$ 是菲涅耳衍射的点脉冲函数，可以表示为：

$$h(x,y,z) = \frac{\exp(j2\pi z/\lambda)}{j\lambda z} \exp\left[\frac{j\pi}{\lambda z}(x^2 + y^2) \right] \tag{11.15}$$

式中，$j = \sqrt{-1}$；z 为每一光束中相位板到秘密图像的距离；λ 为入射光的波长。

这样，N 个用户对应 N 个序列 $\left| D_n^r \right\rangle$，也就构成了一个含有 $M \times N$ 个元素的矩阵 D，即：

$$D = \left\langle \left| D_1^r \right\rangle, \left| D_2^r \right\rangle, \cdots, \left| D_N^r \right\rangle \right| \tag{11.16}$$

随后，由探测数据构成的矩阵 D 经 $N \times N$ 的正交矩阵 O 调制后获得密文 C，即：

$$C(i,j) = \sum_{n=1}^{N} D(i,n)O(n,j) \tag{11.17}$$

2. 解密方法

根据正交矩阵的特性，其满足：

$$\sum_{n=1}^{N} O(i,n)O^T(n,j) = \delta_{ij} \tag{11.18}$$

式中，O^T 为矩阵 O 的转置；δ_{ij} 为狄拉克函数。

因此在解密过程中，正交矩阵 O^T 中的第 k 列向量可用来从密文 C 中提取与第 k 幅秘密图像对应的探测数据 $\left| D_k^r \right\rangle$，即：

$$D_k^r = \sum_{j=1}^{N} \left[\sum_{n=1}^{N} D(i,n)O(n,j) \right] O^T(j,k) = D(i,k) \Big|_{i=r} \tag{11.19}$$

因此，正交矩阵 O^T 中的每一个列向量对应一幅秘密图像的探测数据，所有的列向量都可以看作是多用户中所有秘密图像的地址码。

接下来，秘密图像可以通过提取的探测数据 $\left|D_n^r\right\rangle$ 和解密密钥 $I_n^r(x,y)$，根据计算关联成像原理解密获得，即：

$$\tilde{T}_n(x,y) = \frac{1}{M}\sum_{r=1}^{M}(D_n^r - \langle D_n \rangle)I_n^r(x,y) \tag{11.20}$$

式中，$\langle D_n \rangle$ 为所有探测数据 $\left|D_n^r\right\rangle$ 的平均值。

11.2.2　性能测试及分析

1. 加密方案的可行性

为了验证加密方案的可行性，我们选取了四个含有 128×128 像素的大写字母作为秘密图像（如图 11.11 所示），并假定这四个字母需要传输给四个用户。另外，选用一个 4×4 的正交矩阵用来调制计算关联成像系统探测的数据，如

$O = [1/\sqrt{2} \ \ -1/2 \ \ 0 \ \ -1/2; \ 0 \ \ 1/2 \ \ -1/\sqrt{2} \ \ -1/2; \ 1/\sqrt{2} \ \ 1/2 \ \ 0 \ \ 1/2;$
$0 \ \ 1/2 \ \ 1/\sqrt{2} \ \ -1/2]$。

这样 $O_1 = [1/\sqrt{2} \ \ -1/2 \ \ 0 \ \ -1/2]^T$，$O_2 = [0 \ \ 1/2 \ \ -1/\sqrt{2} \ \ -1/2]^T$，

$O_3 = [1/\sqrt{2} \ \ 1/2 \ \ 0 \ \ 1/2]^T$ 和 $O_4 = [0 \ \ 1/2 \ \ 1/\sqrt{2} \ \ -1/2]^T$ 即为四个用户的地址码，分别对应于四幅秘密图像。

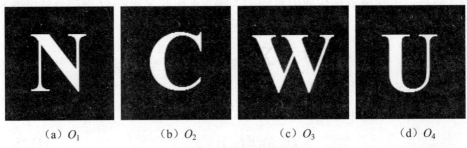

（a）O_1　　　　（b）O_2　　　　（c）O_3　　　　（d）O_4

图 11.11　仿真中选用的四幅原始的秘密图像

根据经典计算关联成像原理，如图 11.12 所示给出了在地址码和解密密钥匹配和不匹配时的重建图像，测量次数 $M = 10000$。从结果可以看出，只有当地址码与解密密钥匹配时才能解密获得秘密图像，并且相互之间没有相互串扰；否则解密图像呈现随机噪声形式。

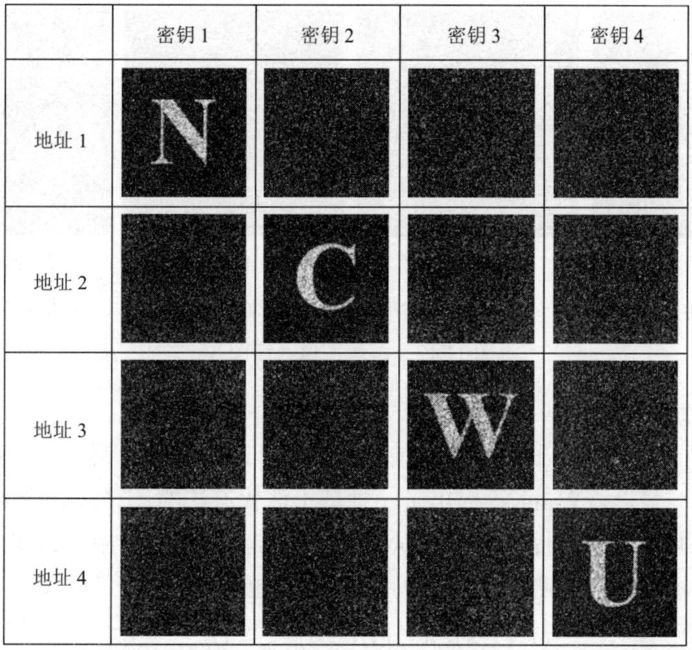

	密钥 1	密钥 2	密钥 3	密钥 4
地址 1	N			
地址 2		C		
地址 3			W	
地址 4				U

图 11.12　地址码与密钥匹配和不匹配时由经典计算关联成像获取的解密图像

　　为了进一步测试加密方案的性能，我们不使用地址码，直接通过解密密钥对秘密图像进行重建，结果如图 11.13（a）—（d）所示。另外，随意选取了一个错误的正交矩阵（如 O'=[1　2 1　1; -2　1　-1　1; 1　1　-2　-1; -1　1　1　-2]）作为地址码，然后利用正确的密钥对加密数据进行解密，重建图像如图 11.13（e）—（h）所示。结果表明，不使用或使用错误的地址码都不能获取秘密图像。

（a）不使用地址码 O_1　（b）不使用地址码 O_2　（c）不使用地址码 O_3　（d）不使用地址码 O_4

图 11.13　解密图像

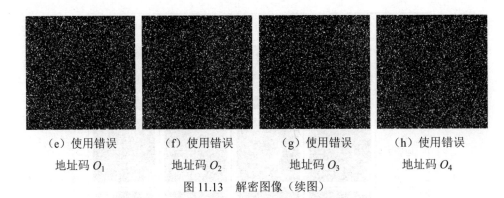

（e）使用错误　　　（f）使用错误　　　（g）使用错误　　　（h）使用错误
地址码 O_1　　　　地址码 O_2　　　　地址码 O_3　　　　地址码 O_4

图 11.13　解密图像（续图）

2. 性能分析

从图 11.12 可以看出，即使通过正确的地址码和解密密钥，解密图像仍然含有很多噪声。最近，Wang 等提出了一种基于迭代方法的计算关联成像方法[196]，可以有效地减少噪声，提高成像质量。他们的方法巧妙地使用了傅里叶变换的积分性质，将桶探测器探测的数据作为重建图像的约束，即：

$$\Im\left\{I_n^r(x,y)T_n(x,y)\right\}(\xi,\eta)\Big|_{\substack{\xi=0 \\ \eta=0}} = D_n^r \tag{11.21}$$

式中，$\Im\{\}$ 为傅里叶变换；(ξ,η) 为频域坐标。

首先，根据式（11.20）通过经典计算关联成像获取的重建图像作为迭代的初始值，进而反复执行傅里叶变换和逆傅里叶变换，不断约束和修正，获取清晰的物体图像。该方法也可以用于本加密方案，用来提高解密图像质量，结果如图 11.14 所示。在此，仍取测量次数 $M=10000$，从仿真结果可以看出，其解密图像中噪声急剧减少，图像质量已有较大改善。

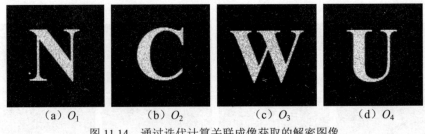

（a）O_1　　　　（b）O_2　　　　（c）O_3　　　　（d）O_4

图 11.14　通过迭代计算关联成像获取的解密图像

11.3　基于计算关联成像的多图像加密技术

本节将介绍一种基于计算关联成像的多图像加密技术[197]。多束相干光分别经一系列随机相位板调制，然后衍射到秘密图像平面，对秘密图像进行随机光强调制，透射之后的光强被桶探测器收集，获得密文。其中，每束光中的随机相位板作为密钥，都是相互独立的。所有的秘密图像可以依据密钥从密文中依次提取，尽管解密图像中含有一定噪声，但相互之间不会产生混叠和串扰。这种多图像加密方案将为多用户应用中数据的存储和传输带来方便，尤其是在需要将不同密文分发给不同的授权用户时，这一方案也许会有潜在应用。

11.3.1 理论分析

1. 加密方法

基于计算关联成像的多图像加密技术如图 11.15 所示。N 束相干光分别经空间光调制器调制，调制之后的光束用来照射秘密图像，进行加密 f_n。最后，所有的透射光束经桶探测器收集，获得探测数据 D_r。

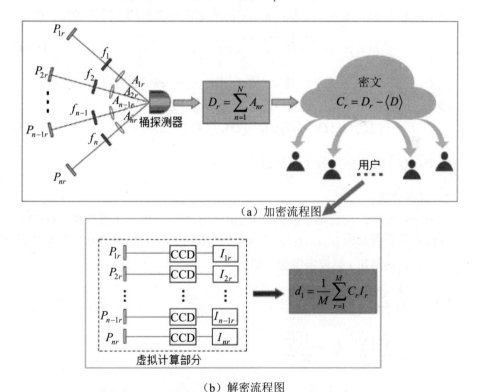

（a）加密流程图

（b）解密流程图

图 11.15　多图像加密方案示意图

系统中，由计算机控制空间光调制器产生一系列均匀分布在 $[0, 2\pi]$ 的随机相

位板 $\{P_{nr}\}$ 作为密钥，其中 $n=1,2,\cdots,N$， $r=1,2,\cdots,M$， N 和 M 分别为待加密的图像数量和测量次数，所有的随机相位板 $\{P_{nr}\}$ 是相互独立的。对于每一个随机相位板 P_{nr} 都重复上述过程对秘密图像进行加密，从而获得由桶探测器探测的光强组成的 M 个序列 $\{D_r\}$，即密文。这一过程可表述为：

$$D_r = \int \left[I_{1r}(x,y)f_1(x,y) + I_{2r}(x,y)f_2(x,y) + \cdots + I_{nr}(x,y)f_n(x,y)\right]\mathrm{d}x\mathrm{d}y$$

$$= \sum_{n=1}^{N} A_{nr} \tag{11.22}$$

式中，A_{nr} 为入射到桶探测器中的第 n 束光的第 r 次测量的光强，定义为 $A_{nr} = \int I_{nr}(x,y)f_n(x,y)\mathrm{d}x\mathrm{d}y$；$I_{nr}(x,y)$ 为随机相位板 P_{nr} 在其菲涅耳衍射域中的光强，即：

$$I_{nr}(x,y) = \left|P_{nr}(x,y) \otimes h(x,y,z)\right|^2 \tag{11.23}$$

式中，$\otimes$ 表示二维卷积运算；$h(x,y,z)$ 为菲涅耳衍射的点脉冲函数，即：

$$h(x,y,z) = \frac{\exp(j2\pi z/\lambda)}{j\lambda z}\exp\left[\frac{j\pi}{\lambda z}(x^2+y^2)\right] \tag{11.24}$$

式中，$j=\sqrt{-1}$；z 为菲涅耳衍射的距离；λ 为入射光的波长。

因此，所有秘密图像加密之后的密文可以计算为：

$$\{C_r\} = \left\{D_1 - \langle D\rangle, D_2 - \langle D\rangle, \cdots, D_M - \langle D\rangle\right\} \tag{11.25}$$

式中，$\langle D\rangle$ 为探测光强序列 $\{D_r\}$ 的平均值。

2. 解密方法

在解密过程中，拥有第 i 束光中密钥的第 i 个合法用户先根据式（11.23）通过计算机计算获得光强 $\{I_{ir}(x,y)\}$，如图 11.15（b）所示。然后将其与密文 $\{C_r\}$ 进行关联运算，获得第 i 幅秘密图像，即：

$$d_i(x,y) = \frac{1}{M}\sum_{r=1}^{M} C_r I_{ir}(x,y)$$

$$= \frac{1}{M}\sum_{r=1}^{M}\left\{\sum_{n=1}^{N}\left[A_{nr} - \frac{1}{M}\sum_{r=1}^{M}A_{nr}\right]\right\}I_{ir}(x,y)$$

$$= \frac{1}{M}\sum_{r=1}^{M}\left[A_{ir} - \frac{1}{M}\sum_{r=1}^{M}A_{ir}\right]I_{ir}(x,y) + \frac{1}{M}\sum_{r=1}^{M}\sum_{\substack{n=1\\n\neq i}}^{N}\left[A_{nr} - \frac{1}{M}\sum_{r=1}^{M}A_{nr}\right]I_{ir}(x,y)$$

$$\tag{11.26a}$$

$$= \hat{f}_i + \frac{1}{M} \sum_{r=1}^{M} \alpha_r I_{ir} \tag{11.26b}$$

式中，$\hat{f}_i$ 为第 i 幅秘密图像的经典关联成像结果（即单个物体的关联成像）。

为了简化式（11.26a），令：

$$\alpha_r = \sum_{\substack{n=1 \\ n \neq i}}^{N} \left[A_{nr} - \frac{1}{M} \sum_{r=1}^{M} A_{nr} \right] \tag{11.27}$$

从式（11.27）可以看出，α_r 中不含有第 i 幅秘密图像的任何信息，因为 $n \neq i$。I_{ir} 为对应于第 i 束虚拟光束中随机相位板菲涅耳衍射产生的高斯噪声。因此，式（11.26b）中的第二项：

$$N_i = \frac{1}{M} \sum_{r=1}^{M} \alpha_r I_{ir} \tag{11.28}$$

为 M 个噪声模板的统计平均。这样，由于 N_i 中各像素值是随机分布的，具有相同概率，并且对于关联成像 $M \gg 1$，因此 N_i 中各像素值趋向于均衡。这也就意味着相互独立的随机噪声可以通过多个噪声的叠加而消除，即第 i 幅解密图像为：

$$d_i \cong \hat{f}_i \tag{11.29}$$

通过上述相同的过程，所有的秘密图像都可以根据不同的密钥（即光束中的随机相位板）依次解密，这得益于所有的随机相位板都是相互独立的，并且任意两束光之间没有相互干扰。因此，该多图像加密方案将为多用户应用带来方便，尤其是在对不同用户传输不同的秘密图像时，密文可以为所有合法用户共享，任何一个合法用户都可以根据分配的密钥从共享的密文中提取属于自己的秘密图像。

11.3.2　性能测试及分析

1. 可行性分析

如图 11.1 所示，采用波长为 $\lambda = 632.8\,\mathrm{nm}$、直径为 $D_0 = 1\mathrm{cm}$ 的准直光束照射系统，从相位板到秘密图像的距离为 $z = 50\mathrm{cm}$，测量次数 $M = 20000$，即每束光中放置 20000 个随机相位板对秘密图像进行加密。选用大小为 $1\mathrm{cm} \times 1\mathrm{cm}$ 包含 128×128 像素的 4 幅二值图像和 4 幅灰度图像作为秘密图像，分别如图 11.16（a1）—（d1）和图 11.16（a2）—（d2）所示，其加密数据分别如图 11.17（a）和（b）所示。从加密结果可以看出，其值无序地分布在[-300, 300]之间。

图 11.16 （a1）－（d1）4 幅原始二值图像，（a2）－（d2）4 幅原始灰度图像

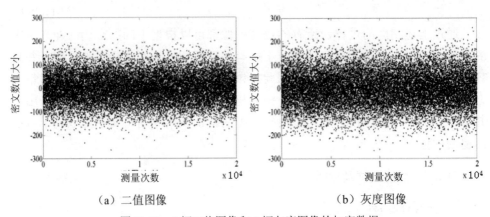

（a）二值图像　　　　　　　　（b）灰度图像

图 11.17 4 幅二值图像和 4 幅灰度图像的加密数据

在此，我们采用相关系数（CC）来衡量原始图像与解密图像之间的相关性，定义为：

$$CC = \frac{COV(f, f_0)}{\sigma_f \sigma_{f_0}} \tag{11.30}$$

式中，f_0 为原始图像；f 为解密图像；σ 为对应图像的标准差；$COV(f, f_0) = E\{[f - E\{f\}][f_0 - E\{f_0\}]\}$ 为互协方差；$E\{\}$ 为数学期望。

灰度图像和二值图像的解密图像分别如图 11.18（a1）－（d1）和（a2）－（d2）

所示，对应的相关系数如表 11.1 所示。从结果可以看出，无论是二值图像还是灰度图像，都能有效解密，获得秘密图像。尽管解密图像中含有噪声，但是解密图像之间并无相互混叠和串扰。

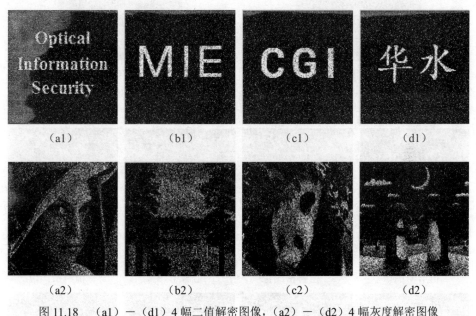

图 11.18 （a1）—（d1）4 幅二值解密图像，（a2）—（d2）4 幅灰度解密图像

表 11.1 二值和灰度解密图像的相关系数

	（e）	（f）	（g）	（h）
二值图像	0.75753	0.75815	0.75337	0.68116
灰度图像	0.74180	0.72185	0.74235	0.76615

为了测试该方案对蛮力攻击的有效性，我们随机选取了两套相位密钥进行解密，对应于二值和灰度图像的解密结果如图 11.19（a）和（b）所示。可以看出解密图像为两幅噪声图像，不含原始图像的任何信息。

由文献[33]可知，解密图像的锐利度（反差）主要取决于关联成像的横向分辨率，即 $\Delta x = \lambda z / D_0$。根据本节仿真实验给出的参数，$\Delta x = 32\ \mu m$ 时对应的解密图像如图 11.18 所示。图 11.20 给出了在不同横向分辨率时的解密结果（在此作为例子，仅取了 4 幅二值图像和灰度图像中的一幅）。

（a）二值图像

（b）灰度图像

图 11.19 错误密钥下的解密结果

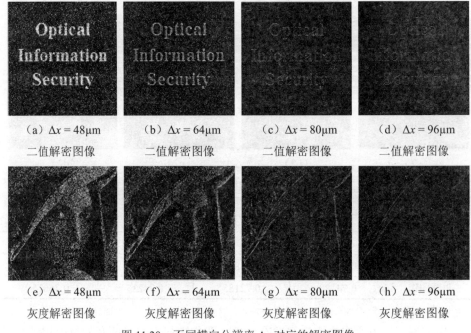

（a）$\Delta x = 48\mu m$　　　（b）$\Delta x = 64\mu m$　　　（c）$\Delta x = 80\mu m$　　　（d）$\Delta x = 96\mu m$
二值解密图像　　　　　二值解密图像　　　　　二值解密图像　　　　　二值解密图像

（e）$\Delta x = 48\mu m$　　　（f）$\Delta x = 64\mu m$　　　（g）$\Delta x = 80\mu m$　　　（h）$\Delta x = 96\mu m$
灰度解密图像　　　　　灰度解密图像　　　　　灰度解密图像　　　　　灰度解密图像

图 11.20 不同横向分辨率 Δx 对应的解密图像

2. 加密容量

加密容量是衡量多图像加密技术的一个重要性能指标。在此仍然采用相关系数来衡量解密图像与原始图像之间的相似性。从式（11.27）和式（11.28）可以看出，随着加密图像数量的增加，噪声 N_i 逐渐增强，解密图像 d_i 也越来越模糊。相反地，由于测量次数 M 越大，N_i 中的灰度值越趋向于均衡，因此噪声 N_i 会随着测量次数的增加而减少，即解密图像的质量可以通过增加测量次数得到改善。对应不同的图像数量 N 和不同的测量次数 M，测试结果如图 11.21 所示，其中实线表示二值图像，点线表示灰度图像。由灰度图像计算得到的相关系数小于由二值图像得到的相关系数，但是它们的变化趋势是相同的。从图 11.21 可以看出，如果设定相关系数的阈值 $CC = 0.7$，而测量次数 $M = 20000$，无论二值图像还是灰度图像的加密容量仅为 6 幅；如果测量次数增加到 30000，则加密容量也可增大到 11 幅以上，即可以通过增加测量次数增大加密容量，但是需要权衡由此而增加的加解密时间。

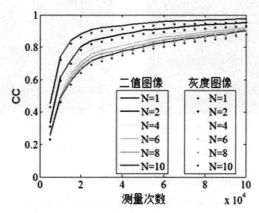

图 11.21　解密图像相关系数随秘密图像数量和测量次数的变化曲线图

3. 系统的鲁棒性

在信息的传输和存储过程中，极有可能存在引入噪声、密文部分损坏或丢失、被恶意攻击等情况，因此鲁棒性是衡量加密系统性能的一个重要指标。这里，我们仍然选用上述 4 幅二值图像和灰度图像作为例子，测量次数 $M = 20000$，其他参数都与上述参数相同。

首先测试系统对加性噪声的鲁棒性。在密文中加入均值为 0、方差为 0.1 的高斯白噪声，4 幅二值图像和灰度图像的其中一幅解密图像如图 11.22（a）和（b）所示，对应的相关系数分别为 $CC = 0.70804$ 和 $CC = 0.7161$。

（a）二值解密图像　　　　（b）灰度解密图像

图 11.22　对在密文中加入高斯白噪声的鲁棒性测试结果

接下来的仿真实验将测试部分密文损坏或丢失时系统的解密能力。在密文丢失 25%时的解密图像如图 11.23（a）和（b）所示，对应的相关系数分别为 $CC = 0.67459$ 和 $CC = 0.65975$。从系统的加解密过程可以看出，部分密文丢失相当于减少了测量次数，因此秘密图像仍然能够解密，只是带有了更多的噪声。

（a）二值解密图像　　　　　（b）灰度解密图像

图 11.23　密文数据丢失 25%时的解密图像

有时攻击者也有可能采取滤波的方式对密文进行攻击。因此，下面仿真实验将测试密文被滤波之后的解密效果。这里采用均值为 0、标准差为 0.1 的高斯低通滤波器对密文进行滤波，以滤波后的数据对秘密图像进行解密，结果如图 11.24（a）和（b）所示，对应的相关系数分别为 $CC = 0.56295$ 和 $CC = 0.50468$。

 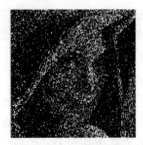

（a）二值解密图像　　　　　（b）灰度解密图像

图 11.24　将密文采用高斯低通滤波器滤波后的解密图像

尽管本节提出的多图像加密方案能够抵抗噪声、剪切、滤波等攻击，但是解密图像的噪声是非常严重的，尤其对于灰度图像。不失一般性，本节采用的经典计算关联成像技术设计的多图像加密方案，实际上本方案也适用于其他改进的关联成像技术，如差分关联成像和归一化关联成像。这些关联成像技术能够有效地提高解密图像的清晰度，值得我们进一步探讨。

11.3.3 可能的应用分析

在上述多图像加密技术中，可以通过桶探测器将所有的秘密图像加密为一个数据，任何一幅秘密图像又可以根据不同的密钥进行重建，多幅图像之间没有相互混叠。同时，在多用户的应用中，发送方有时需要将不同的密文传输给不同的合法用户，而一对一的通信方式将耗费巨大的信道资源。如果能够将所有秘密图像对应的密文传输到公共平台，为所有合法用户共享，即可解决这一问题，发送方只需将不同的密钥分发给不同的合法用户即可。因此，上述加密方案恰巧能够实现这一功能。由于每一束光中的随机相位板以及多光束之间都是相互独立、毫无关联的，这也有效地避免了不同合法用户之间的相互提取问题。另外，该多图像加密的密文为桶探测器探测的数据 $\{D_r\}$ 与其均值 $\langle D \rangle$ 的差值，即 $\{D_r - \langle D \rangle\}$，密文的数据量并不会随着加密图像数量的增加而增加。

在实际应用中，与测量次数有关的相位板密钥量是非常巨大的，将为其传输带来极大不便。然而，这些相位板可以通过混沌序列产生，因为混沌序列对其初始值非常敏感，通过混沌序列初始值的代替相位板，可以极大地减少密钥量，将为其传输带来方便。

11.4 本章小结

本章分析了基于计算关联成像加密技术的基本原理，发现该加密系统输入与输出呈线性关系，因此该技术难以抵抗选择明文攻击。进而提出了三种针对该加密系统的攻击方案，并通过数值仿真验证了该方案的可行性。在这三种攻击方案中，尽管需要选取大量明文，但是也说明基于计算关联成像的加密技术是存在安全隐患的。另外，针对所提出的三种选择明文攻击技术，从理论上提出了基于可逆矩阵调制的安全增强方法，并通过计算机仿真验证了这一方法是简单有效的。

另外，本章提出了一种简单便捷的光学多用户加密方案，该方案采用两级加密：基于计算关联成像和正交矩阵调制的加密。计算关联成像技术将秘密图像加密为一个强度向量，而不是复数矩阵，这减少了密文的数据量，也为后续处理带来了方便。另外，正交矩阵用来进一步调制由计算关联成像系统探测的加密数据，起到二次加密的效果。根据正交矩阵的性质，对应于每一幅秘密图像的探测数据都可以从密文中通过正交矩阵的一行向量准确提取出来。因此，正交矩阵的所有行向量都可以看作每幅秘密图像的地址码，只有当地址码与解密密钥匹配时，才能解密获取秘密图像，这一功能也将为多用户应用带来方便。

最后，基于计算关联成像提出了一种多图像加密方案。该方案中，每一束相干光经一系列随机相位板调制后，用来照射秘密图像，所有透射光经单像素探测器探测，所有包含秘密图像的光强信息汇集为一个数据，形成密文。任何一幅秘密图像都可以从密文中独立地提取出来，尽管解密图像中含有一定噪声，但多图像之间并没有相互混叠和串扰。每束光中作为密钥的相位板是相互独立的，多光束之间也无相互干涉和影响。这将为多用户应用（尤其是在多幅图像需要分发给多个合法用户时）带来方便，因为这样设置可以有效避免合法用户之间的相互提取。通过理论分析上述多图像加密方案的加解密过程，并通过数值仿真验证了该方案的可行性、鲁棒性和加密容量，指出基于经典计算关联成像的加密方法中解密图像的噪声是非常严重的，它可以通过一些改进的关联成像技术（如差分关联成像和归一化关联成像）进一步去除，但是完全消除噪声是很难做到的。

参考文献

[1] 冯登国. 计算机通信网络安全. 北京：清华大学出版社，2001.

[2] 刘庆华，樊荣，金文权. 信息安全技术. 北京：科学出版社，2005.

[3] 毛文波，王继林，等. 现代密码学理论与实践. 北京：电子工业出版社，2004.

[4] 张焕国，王张宜. 密码学引论. 第 2 版. 武汉：武汉大学出版社，2009.

[5] 陈少真. 密码学基础. 北京：科学出版社，2008.

[6] 杨波. 现代密码学. 第 4 版. 北京：清华大学出版社，2017.

[7] W. Diffie, M. E. Hellman. New directions in cryptography. IEEE Trans Inform Theory, 1976, 22(6): 644-654.

[8] R. L. Rivest, A. Shamir, L. A. Adleman. A method for obtaining digital signatures and public key cryptosystems. Communications of the ACM, 1978, 21: 120-126.

[9] M. O. Rabin. Digitized signatures and public key functions as intractable as factorization. MIT Laboratory for Computer Science Technical Report, LCS/TR-212,1979.

[10] T. ElGamal. A public key cryptosystem and a signature scheme based on discrete logarithms. IEEE Trans Inform Theory, 1985, 31(4): 469-472.

[11] 王育民，张彤，黄继武. 信息隐藏——理论与技术. 北京：清华大学出版社，2006.

[12] 钮心忻. 信息隐藏与数字水印. 北京：邮电大学出版社，2004.

[13] 王炳锡，彭天强. 信息隐藏技术. 北京：国防工业出版社，2007.

[14] 王朔中，张新鹏，张开文. 数字密写与密写分析. 北京：清华大学出版社，2005.

[15] B. Javidi. Optical and digital techniques for information security. Springer Business Media, Inc. 2005.

[16] 彭翔，位恒政，张鹏. 光学信息安全导论. 北京：科学出版社，2008.

[17] P. Refregier, B. Javidi. Optical image encryption based on input plane and Fourier plane random encoding. Optics Letters, 1995, 20(7): 767-769.

[18] B. Javidi. Security information with optical technology. Physics Today, 1997, 50(3): 27-32.

[19] O. Matoba, B. Javidi. Encrypted optical memory system using three-dimensional keys in the Fresnel domain. Optics Letters, 1999, 24: 762-764.

[20] G. Situ, J. Zhang. Double random-phase encoding in the Fresnel domain. Optics Letters, 2004, 29(14): 1584-1586.

[21] G. Unnikrishman, J. Roseph, K. Singh. Optical encryption by double-random phase encoding in the fractional Fourier domain. Optics Letters, 2000, 25(12): 887-889.

[22] B. H. Zhu, S. T. Liu, Q. W. Ran. Optical image encryption based on multifractional Fourier transform. Optics Letters, 2000, 25(16): 1159-1161.

[23] B. H. Zhu, S. T. Liu. Optical image encryption based on the generalized fractional convolution operation. Optics Communications, 2001, 195(5-6): 371-381.

[24] S. T. Liu, Q. L. Mi, B. H. Zhu. Optical image encryption with multistage and multichannel fractional Fourier-domain filtering. Optics Letters, 2001, 26(16): 1242-1244.

[25] L. F. Chen, D. M. Zhao. Optical image encryption based on fractional wavelet transform. Optics Communications, 2005, 254(4-6): 361-367.

[26] L. F. Chen, D. M. Zhao. Optical image addition and encryption by multi-exposure based on fractional Fourier transform hologram. Chinese Physics Letters, 2006, 23(3): 603-606.

[27] G. Unnikrishman, K. Singh. Optical encryption using quadratic phase system. Optics Communications, 2001, 193(1-6): 51-76.

[28] I. S. Yetik, M. A. Kutay, H. M. Ozaktas. Optimization of orders in multichannel fractional Fourier domain filtering circuits and its application to the synthesis of mutual-intensity distributions. Applied Optics, 2002, 41(20): 4078-4084.

[29] E. Tajahuerce, B. Javidi. Encrypting three dimensional information with digital holography. Applied Optics, 2000, 39(35): 6595-6601.

[30] X. F. Meng, L. Z. Cai, X. F. Xu, X. L. Yang, X. X. Shen, G. Y. Dong, Y. R. Wang. Two-step phase-shifting interferometry and its application in image encryption. Optics Letters, 2006, 31(10): 1414-1416.

[31] L. Z. Cai, M. Z. He, Q. Liu, X. L. Yang. Digital image encryption and watermarking by phase-shifting interferometry. Applied Optics, 2004, 43(15): 3078-3084.

[32] X. G. Wang, D. M. Zhao. Encryption of digital hologram based on phase-shifting interferometry and virtual optics. Journal of Modern Optics, 2006, 53(11): 1561-1568.

[33] X. G. Wang, D. M. Zhao. Image encryption based on anamorphic fractional Fourier transform and three-step phase-shifting interferometry. Optics Communications, 2006, 268(2): 240-244.

[34] B. Javidi, T. Nomura. Securing information by use of digital holography. Optics Letters, 2000, 25(1): 28-30.

[35] O. Matoba, B. Javidi. Optical retrieval of encrypted digital holograms for secure real-time display. Optics Letters, 2002, 27(5): 321-323.

[36] X. Tan, O. Matoba, T. Shimura, K. Kuroda. Improvement in holographic storage capacity by use of double-random phase encryption. Applied Optics, 2001, 40(26): 4721-4727.

[37] R. Gerchberg, W. Saxton. A practical algorithm for the determination of phase from image and diffraction plane pictures. Optik, 1972, 35(2): 237-246.

[38] J. Fienup. Phase retrieval algorithms: a comparision. Applied Optics, 1982, 21(15): 2758-2769.

[39] 于斌, 彭翔, 田劲东, 等. 硬 x 射线同轴相衬成像的相位恢复. 物理学报, 2005, 54(5): 2034-2037.

[40] 杨国桢, 顾本源. 光学系统中振幅和相位的恢复问题. 物理学报, 1981, 30(3): 410-413.

[41] G. H. Situ, J. J. Zhang. A cascaded iterative Fourier transform algorithm for optical security applications. Optik, 2003, 114: 473-477.

[42] R. K. Wang, I. A. Watson, C. Chatwin. Random phase encoding for optical security. Optical Engineering, 1996, 35(9): 2464-2468.

[43] G. Situ, J. Zhang. A lensless optical security system based on computer-generated phase only masks. Optics Communications, 2004, 232(1-6): 115-122.

[44] 司徒国海, 张静娟, 张艳, 等. 级联相位恢复算法用于光学图像加密. 光电子·激光, 2004, 15(3): 341-343.

[45] 司徒国海, 张静娟, 史祎诗. 基于衍射光学器件的光学图像级联加密系统. 量子电子学报, 2006, 23(6): 794-797.

[46] G. Situ, J. Zhang. Multiple-image encryption by wavelength multiplexing. Optics Letters, 2005, 30(11): 1306-1308.

[47] N. Towghi, B. Javidi, Z. Lio. Fully phase encrypted image processor. Journal of the Optical Society of American A, 1999, 16(8): 1915-1927.

[48] P. C. Mogensen, J. Gluckstad. Phase-only optical encryption. Optics Letters, 2000, 25(8): 566-568.

[49] P. C. Mogensen, J. Gluckstad. Phase-only optical encryption of a fixed mask. Applied Optics, 2001, 40(8): 1226-1235.

[50] P. C. Mogensen, J. Gluckstad. Reverse phase contrast: an experimental demonstration. Applied Optics, 2002, 41(11): 2103-2110.

[51] J. Rosen, B. Javidi. Hidden images in halftone pictures. Applied Optics, 2001, 40(26): 3346-3353.

[52] S. Kishk, B. Javidi. Information hiding technique with double phase encoding. Applied Optics, 2002, 41(26): 5462-5470.

[53] S. Kishk, B. Javidi. Watermarking of three-dimensional objects by digital holography. Optics Letters, 2003, 28(3): 167-169.

[54] S. Kishk, B. Javidi. 3D object watermarking by a 3D hidden object. Optics Express, 2003, 11(8): 874-888.

[55] X. Peng, L. F. Yu, L. L. Cai. Digital watermarking in three-dimensional space with a virtual-optics imaging modality. Optics Communications, 2003, 226(1-6): 155-165.

[56] 彭翔, 张鹏, 牛憨笨. 虚拟光学信息隐藏理论及并行硬件实现. 光学学报, 2004, 24(5): 623-627.

[57] 彭翔, 张鹏, 牛憨笨. 基于虚拟光学的三维空间数字水印系统. 光学学报, 2004, 24(11): 1507-1510.

[58] 张鹏, 彭翔, 牛憨笨. 一种虚拟光学数据加密的系统实现. 电子学报, 2004, 32(10): 1585-1588.

[59] X. Peng, P. Zhang, H. B. Niu. Audio-signal watermarking in 3D space based on virtual-optics. Optik, 2003, 114(10): 451-456.

[60] 张鹏, 彭翔, 牛憨笨. 一种结合随机模板编码的虚拟光学三维数字水印系统. 光子学报, 2005, 34(8): 1220-1223.

[61] F. Ge, L. F. Chen, D. M. Zhao. A half-blind color image hiding and encryption method in fractional Fourier domains. Optics Communication, 2008, 281(17): 4254-4260.

[62] X. F. Meng, L. Z. Cai, X. L. Yang, X. F. Xu, G. Y. Dong, X. X. Shen, H. Zhang, Y. R. Wang. Digital color image watermarking based on phase-shifting interferometry and neighboring pixel value subtraction algorithm in the discrete-cosine-transform domain. Applied Optics, 2007, 46(21): 4694-4701.

[63] M. Z. He, L. Z. Cai, Q. Liu, X. C. Wang, X. F. Meng. Multiple image encryption and watermarking by random phase matching. Optics Communications, 2005, 247(1-3): 29-37.

[64] X. F. Meng, L. Z. Cai, M. Z. He, G. Y. Dong, X. X. Shen. Cross-talk-free double image encryption and watermarking with amplitude-phase separate modulations. Journal of Optics A: Pure and Applied Optics, 2005, 7(11): 624-631.

[65] Y. Shi, G. Situ, J. Zhang. Multiple-image hiding in the Fresnel domain. Optics Letters, 2007, 32(13): 1914-1916.

[66] 史祎诗, 司徒国海, 张静娟. 多图像光学隐藏的菲涅尔变换方法. 光电子•激光, 2007, 18(11): 1371-1373.

[67] Y. L. Xiao, X. Zhou, S. Yuan, Q. Liu, Y. C. Li. Multiple-image optical encryption: an improved encoding approach. Applied Optics, 2009, 48(14): 2686-2692.

[68] Y. Li, K. Kreske, J. Rosen. Security and encryption optical systems based on a correlator with significant output images. Applied Optics, 2000, 39(29): 5295-5301.

[69] Y. Zhang, B. Wang. Optical image encryption based on interference. Optics Letters, 2008, 33(21): 2443-2445.

[70] G. H. Situ, J. J. Zhang. Image hiding with computer-generated phase codes for optical authentication. Optics Communications, 2005, 245(1-6): 55-65.

[71] S. Yuan, M. T. Liu, S. X. Yao, et al. An improved optical identity authentication system with significant output images. Optics&Laser Technology, 2012, 44(4): 888-892.

[72] W. Q. He, X. Peng, X. F. Meng, et al. Optical hierarchical authentication based on interference and hash function. Applied Optics, 2012, 51(32): 7750-7757.

[73] B. Javidi, J. Horner. Optical pattern recognition for validation and security

verification. Optical Engineering, 1994, 33(6): 1752-1756.

[74] B. Javidi, A. Sergent. Fully phase encoded key and biometrics for security verification. Optical Engineering, 1997, 36(3): 935-942.

[75] B. Javidi, T. Nomura. Polarization encoding for optical security systems. Optical Engineering, 2000, 39(9): 2439-2443.

[76] H. T. Chang, C. Chen. Fully-phase asymmetric-image verification system based on joint transform correlator. Optics Express, 2006, 14(4): 4825-4834.

[77] S. Yuan, T. Zhang, X. Zhou, et al. Optical authentication technique based on interference image hiding system and phase-only correlation. Optics Communications, 2013, 304: 129-135.

[78] X. Peng, P. Zhang, H. B. Niu. Architecture design of virtual-optics data security using parallel hardware and software. Optik, 2004, 115(1): 15-22.

[79] X. Peng, Z. Y. Cui, L. L. Cai, L. F. Yu. Digital audio signal encryption with a virtual optics scheme. Optik, 2003, 114(2): 69-75.

[80] X. Peng, L. F. Yu, L. L. Cai. Double-lock for image encryption with virtual optical wavelength. Optics Express, 2002, 10(1): 41-45.

[81] X. Peng, Z. Y. Cui, T. N. Tan. Information encryption with virtual-optics imaging system. Optics Communications, 2002, 212(4-6): 235-245.

[82] X. Peng, H. Z. Wei, P. Zhang. Asymmetric cryptography based on wavefront sensing. Optics Letters, 2006, 31(24): 3579-3581.

[83] W. Qin, X. Peng. Asymmetric cryptosystem based on phase-truncated Fourier transforms. Optics Letters, 2010, 35(2): 118-120.

[84] J. Han, C. Park, D. Ryu, E. Kim. Optical image encryption based on XOR operations. Optical Engineering, 1999, 38(1): 47-54.

[85] C. M. S hin, D. H. Seo, S. J. Kim. Gray-level image encryption scheme using full phase encryption and phase-encoded exclusive-OR operations. Optical Review, 2004, 11(1): 34-37.

[86] O. Matoba, B. Javidi. Secure holographic memory by double-random polarization encryption. Applied Optics, 2004, 43(14): 2915-2919.

[87] L. F. Chen, D. M. Zhao. Color information processing (coding and synthesis) with fractional Fourier transforms and digital holography. Optics Express, 2007, 15(24): 16080-16089.

[88] L. F. Chen, D. M. Zhao. Color image encoding in dual fractional

Fourier-wavelet domain with random phases. Optics Communications, 2009, 282(17): 3433-3438.

[89] X. X. Li, D. M. Zhao. Optical color image encryption with redefined fractional Hartley transform. Optik, 2010, 121(7): 673-677.

[90] E. S. Kim, K. T. Kim, J. H. Kim. Multiple information hiding technique using random sequence and Hadamard matrix. Optical Engineering, 2001, 40(11): 2489-2494.

[91] J. J. Kim, J. H. Choi, E. S. Kim. Optodigital implementation of multiple information hiding and extraction system. Optical Engineering, 2004, 43(1): 113-125.

[92] 刘福民，翟宏琛，杨晓苹. 基于相息图迭代的随机相位加密. 物理学报，2003，52(10)：2462-2465.

[93] 杨晓苹，翟宏琛. 双随机相位加密中相息图的优化设计. 物理学报，2005，54(4)：1578-1582.

[94] 杨晓苹，翟宏琛，王明伟. 一种应用相息图对灰度图像信息进行隐藏的方法. 物理学报，2008，57(2)：847-852.

[95] Y. Y. Wang, Y. R. Wang, Y. Wang, H. L. Li, W. J. Sun. Optical image encryption based on binary Fourier transform computer-generated hologram and pixel scrambling technology. Optics and Laser in Engineering, 2007, 45(7): 761-765.

[96] 黄奇忠，杜惊雷，张怡霄，等. 利用纯位相计算全息图实现位相函数相加的光学安全技术. 中国激光，2000，27(7)：645-648.

[97] 黄奇忠，杜惊雷，张怡霄，等. 计算全息实现信息相干分解及其在图像加密中的应用. 中国激光，2000，27(10)：903-906.

[98] 苏显渝，李继陶. 信息光学. 北京：科学出版社，1999.

[99] 郁道银，谈恒英. 工程光学. 第2版. 北京：机械工业出版社，2016.

[100] J.W. Goodman. 傅里叶光学导论. 第3版. 北京：电子工业出版社，2006.

[101] 王仁璠. 信息光学理论与应用. 第2版. 北京：北京邮电大学出版社，2009.

[102] 戚康男，秦克诚，程路. 统计光学导论. 天津：南开大学出版社，1987.

[103] A. Carnicer, M. Montes-Usategui, S. Arcos. Vulnerability to chosen-cyphertext attacks of optical encryption schemes based on double random phase keys. Optics Letters, 2005, 30(13): 1644-1646.

[104] 位恒政，彭翔，张鹏，等. 双随机相位加密系统的选择明文攻击. 光学学报，2007，27(5)：824-829.

[105] X. Peng, P. Zhang, H. Wei. Known-plaintext attack on optical encryption based on double random phase keys. Optics Letters, 2006, 31(8): 1044-1046.

[106] 彭翔，张鹏，位恒政．双随机相位加密系统的已知明文攻击．物理学报，2006，55(3)：1130-1136.

[107] 彭翔，汤红乔，田劲东．双随机相位编码光学加密系统的唯密文攻击．物理学报，2007，56(5)：2629-2636.

[108] X. Peng, H. Wei, P. Zhang. Chosen-plaintext attack on lensless double random phase encoding in the Fresnel domain. Optics Letters, 2006, 31(22): 3261-3263.

[109] 彭翔，位恒政，张鹏．基于菲涅耳域的双随机相位编码系统的选择明文攻击．物理学报，2007，56(7)：3924-3930.

[110] U. Gopinathan, D. Monaghan, T. Naughton. A known-plaintext heuristic attack on the Fourier plane encryption algorithm. Optics Express, 2006, 14(8): 3181-3186.

[111] Y. Frauel, A. Castro, T. J. Naughton, B. Javidi. Resistance of the double random phase encryption against various attacks. Optics Express, 2007, 15(16):10253-10265.

[112] G. Situ, U. Gopinathan, D. Monaghan. Cryptanalysis of optical security systems with significant output image. Applied Optics, 2007, 46(22): 5262-5275.

[113] X. C. Cheng, L. Z. Cai, Y. R. Wang, X. F. Meng, H. Zhang, X. F. Xu, X. X. Shen, G. Y. Dong. Security enhancement of double random phase encryption by amplitude modulation. Optics Letters, 2008, 33(14): 1575-1577.

[114] P. Kumar, A. Kumar, J. Joseph, K. Singh. Impulse attack free double random phase encryption scheme with randomized lens-phase functions. Optics Letters, 2009, 34(3): 331-333.

[115] P. Kumar, J. Joseph, K. Singh. Impulse attack free four random phase mask encryption based on a 4f optical system. Applied Optics, 2009, 48(12): 2356-2363.

[116] C. D. Shannon. Communication theory of secrecy system. Bell System Technical Journal, 1949, 27(4): 656-715.

[117] 周昕．双随机位相编码技术——仿射密码的光学实现．四川：四川大学，2006.

[118] B. Wang, C. C. Sun, W. C. Su, A. E. T. Chiou. Shift-tolerance property of an optical double random phase encoding encryption system. Applied Optics, 2000,

39(26): 4788-4793.

[119] H. Hwang, P. Han. Signal reconstruction algorithm based on a single intensity in the Fresnel domain. Optics Express, 2007, 15(7): 3766-3776.

[120] S. Yuan, X. Zhou, M. S. Alam, X. Lu, X. F. Li. Information hiding based on double random phase encoding technology and public-key cryptography. Optics Express, 2009, 17(5): 3270-3284.

[121] S. Yuan, X. Zhou, D. H. Li, D. F. Zhou. Simultaneous transmission for an encrypted image and a double random phase encryption key. Applied Optics, 2007, 46(18): 3747-3753.

[122] 赵达尊，张怀玉. 空间光调制器. 北京：北京理工大学出版社，1992.

[123] 关新平. 混沌控制及其在保密通信中的应用. 北京：国防工业出版社，2002.

[124] R. C. Gonzalez, R. E. Woods. 数字图像处理. 第 2 版. 北京：电子工业出版社，2005.

[125] X. Zhou, J. G. Chen. Information hiding based on double random phase encoding technology. Journal of Modern Optics, 2006, 53(12): 1777-1783.

[126] X. Zhou, D. Lai, S. Yuan, D. H. Li, J. P. Hu. A method for hiding information utilizing double random phase encoding technique. Optics and Laser Technology, 2007, 39(7): 1360-1363.

[127] H. Zhang, L. Z. Cai, X. F. Meng, X. F. Xu, X. L. Yang, X. X. Shen, G. Y. Dong. Image watermarking based on an iterative phase retrieval algorithm and sine-cosine modulation in the discrete-cosine-transform domain. Optics Communication, 2007, 278(2): 257-263.

[128] B. Wang, Y. Zhang. Double images hiding based on optical interference. Optics Communications, 2009, 282(17): 3439-3443.

[129] Y. Han, Y. Zhang. Optical image encryption based on two beams' interference. Optics Communications, 2010, 283(9): 1690-1692.

[130] C. H. Niu, X. L. Wang, N. G. Lv, et al. An encryption method with multiple encrypted keys based on interference principle. Optics Express, 2010, 18(8): 7827-7834.

[131] P. Kumar, J. Joseph, K. Singh. Optical image encryption based on interference under convergent random illumination. Journal of Optics, 2010, 12(9): 095402.

[132] P. Kumar, J. Joseph, K. Singh. Optical image encryption using a jigsaw transform for silhouette removal in interference based methods and decryption

with a single spatial light modulator. Applied Optics, 2011, 50(13): 1805-1811.

[133] N. Zhu, Y. Wang, J. Liu, et al. Optical image encryption based on interference of polarized light. Optics Express, 2009, 17(16): 13418-13424.

[134] N. Zhu, Y. Wang, J. Liu, et al. Holographic projection based on interference and analytical algorithm. Optics Communications, 2010, 283(24): 4969-4971.

[135] W. Chen, C. Quan, C. J. Tay. Optical color image encryption based on Arnold transform and interference method. Optics communications, 2009, 282(18): 3680-3685.

[136] C. J. Tay, C. Quan, W. Chen, et al. Color image encryption based on interference and virtual optics. Optics&Laser Technology, 2010, 42(2): 409-415.

[137] S. Yuan, S. Yao, Y. Xin, et al. Information hiding based on the optical interference principle. Optics Communications, 2011, 284(21): 5078-5083.

[138] S. Yuan, X. Zhou, J. G. Chen, Y. L. Xiao, Q. Liu. A blind image detection method for information hiding with double random phase encoding. Optics and Laser Technology, 2009, 41(5): 590-595.

[139] J. Sang, H. Xiang, N. Sang, L. Fu. Increasing the data hiding capacity and improving the security of a double random phase encoding technique based information hiding scheme. Optics Communications, 2009, 282(14): 2713-2721.

[140] V. K. Rohatgi. An introduction to probability theory and mathematical statistics. John Wiley &Sons, Inc. New York, 1976.

[141] S. Fukushima, T. Kurokawa, H. Suzuki. Optical implementation of parallel digital adder and subtractor. Applied Optics, 1990, 29: 2099-2106.

[142] J. H. Hateren, A. Schaaf. Independent component filters of natural images compared with simple cells in primary visual cortex, Proc, R. Soc. Lond. B. 1998, 265: 359-366. http://hlab.phys. rug.nl/imlib/index.html.

[143] D. Abookasis, O. Arazi, J. Rosen, et al. Security optical systems based on a joint transform correlator with significant output images. Optical Engineering, 2001, 40(8): 1584-1589.

[144] S. Yuan, M. Liu, S. Yao, et al. An improved optical identity authentication system with significant output images. Optics&Laser Technology, 2012, 44(4): 888-892.

[145] S. Yuan, T. Zhang, X. Zhou, et al. Optical authentication technique based on interference image hiding system and phase-only correlation. Optics

Communications, 2013, 304: 129-135.

[146] J. L. Horner, P. D. Gianino. Phase-only matched filtering. Applied Optics, 1984, 23(6): 812-816.

[147] Y. Zhang, B. Wang, Z. Dong. Enhancement of image hiding by exchanging two phase masks. Journal of Optics A: Pure and Applied Optics, 2009, 11(12): 125406.

[148] W. He, X. Peng, X. Meng, et al. Collision in optical image encryption based on interference and a method for avoiding this security leak. Optics&Laser Technology, 2013, 47: 31-36.

[149] S. Yuan, T. Zhang, X. Zhou, et al. An optical authentication system based on encryption technique and multimodal biometrics. Optics&Laser Technology, 2013, 54: 120-127.

[150] N. Saini, A. Sinha. Optics based biometric encryption using log polar transform. Optics Communications, 2010, 283(1): 34-43.

[151] D. Zhang, W. K. Kong, J. You, et al. Online palmprint identification. IEEE Transactions on Pattern Analysis and Machine Intelligence, 2003, 25(9): 1041-1050.

[152] T. Ojala, M. Pietikainen, T. Maenpaa. Multiresolution gray-scale and rotation invariant texture classification with local binary patterns. IEEE Transactions on Pattern Analysis and Machine Intelligence, 2002, 24(7): 971-987.

[153] H. Suzuki, M. Yamaguchi, M. Yachida, et al. Experimental evaluation of fingerprint verification system based on double random phase encoding. Optics Express, 2006, 14(5): 1755-1766.

[154] PolyU database available: <http://www4.comp.polyu.edu.hk/~biometrics/>.

[155] T. B. Pittman, Y. H. Shih, D. V. Strekalov, et al. Optical imaging by means of two-photon quantum entanglement. Physical Review A, 1995, 52(5): R3429.

[156] D. N. Klyshko. Two-photon light: influence of filtration and a new possible EPR experiment. Physics Letters A, 1988, 128(3-4): 133-137.

[157] A. Einstein, B. Podolsky, N. Rosen. Can quantum-mechanical description of physical reality be considered complete. Physical review, 1935, 47(10): 777.

[158] D. V. Strekalov, A. V. Sergienko, D. N. Klyshko, et al. Observation of two-photon "ghost" interference and diffraction. Physical review letters, 1995, 74(18): 3600.

[159] T. B. Pittman, D. V. Strekalov, D. N. Klyshko, et al. Two-photon geometric optics. Physical Review A, 1996, 53(4): 2804.

[160] A. F. Abouraddy, M. B. Nasr, B. E. A. Saleh, et al. Demonstration of the complementarity of one and two-photon interference. Physical Review A, 2001, 63(6): 063803.

[161] A. F. Abouraddy, B. E. A. Saleh, A. V. Sergienko, et al. Role of entanglement in two-photon imaging. Physical review letters, 2001, 87(12): 123602.

[162] R. S. Bennink, S. J. Bentley, R. W. Boyd. "Two-photon" coincidence imaging with a classical source. Physical review letters, 2002, 89(11): 113601.

[163] A. Gatti, E. Brambilla, M. Bache, et al. Correlated imaging, quantum and classical. Physical Review A, 2004, 70(1): 013802.

[164] G. Scarcelli, V. Berardi, Y. Shih. Can two-photon correlation of chaotic light be considered as correlation of intensity fluctuations. Physical review letters, 2006, 96(6): 063602.

[165] F. Feri, D. Magatti, A. Gatti, et al. High-resolution ghost imaging and ghost diffraction experiments with thermal light. Phys. Rev. Lett, 2005, 94: 183602.

[166] J. Bogdanski, G. Bjork, A. Karlsson. Quantum and classical correlated imaging. arXiv preprint quant-ph/0407127, 2004.

[167] J. Cheng, S. Han. Incoherent coincidence imaging and its applicability in X-ray diffraction. Physical review letters, 2004, 92(9): 093903.

[168] K. Wang, D. Z. Cao. Subwavelength coincidence interference with classical thermal light. Physical Review A, 2004, 70(4): 041801.

[169] Y. Cai, S. Y. Zhu. Ghost interference with partially coherent radiation. Optics Letters, 2004, 29(23): 2716-2718.

[170] D. Zhang, Y. H. Zhai, L. A. Wu, et al. Correlated two-photon imaging with true thermal light. Optics Letters, 2005, 30(18): 2354-2356.

[171] B. I. Erkmen, J. H. Shapiro. Signal-to-noise ratio of Gaussian-state ghost imaging. Physical Review A, 2009, 79(2): 023833.

[172] G. Brida, M. V. Chekhova, G. A. Fornaro, et al. Systematic analysis of signal-to-noise ratio in bipartite ghost imaging with classical and quantum light. Physical Review A, 2011, 83(6): 063807.

[173] W. Gong, S. Han. A method to improve the visibility of ghost images obtained by thermal light. Physics Letters A, 2010, 374(8): 1005-1008.

[174] J. H. Shapiro. Computational ghost imaging. Physical Review A, 2008, 78(6): 061802.

[175] Y. Bromberg, O. Katz, Y. Silberberg. Ghost imaging with a single detector. Physical Review A, 2009, 79(5): 053840.

[176] Y. Bai, S. Han. Ghost imaging with thermal light by third-order correlation. Physical Review A, 2007, 76(4): 043828.

[177] R. Meyers, K. S. Deacon, Y. Shih. Ghost imaging experiment by measuring reflected photons. Physical Review A, 2008, 77(4): 041801.

[178] J. Cheng. Ghost imaging through turbulent atmosphere. Optics Express, 2009, 17(10): 7916-7921.

[179] S. Karmakar, Y. H. Zhai, H. Chen, et al. The first ghost image using sun as a light source. Lasers and Electro-Optics (CLEO), 2011 Conference on. IEEE, 2011: 1-2.

[180] F. Ferri, D. Magatti, L. A. Lugiato, et al. Differential ghost imaging. Physical Review Letters, 2010, 104(25): 253603.

[181] B. Sun, S. S. Welsh, M. P. Edgar, et al. Normalized ghost imaging. Optics Express, 2012, 20(15): 16892-16901.

[182] L. Kai-Hong, H. Bo-Qiang, Z. Wei-Mou, et al. Nonlocal imaging by conditional averaging of random reference measurements. Chinese Physics Letters, 2012, 29(7): 074216.

[183] J. Wen. Forming positive-negative images using conditioned partial measurements from reference arm in ghost imaging. JOSA A, 2012, 29(9): 1906-1911.

[184] E. J. Candès, J. Romberg, T. Tao. Robust uncertainty principles: Exact signal reconstruction from highly incomplete frequency information. IEEE Transactions on information theory, 2006, 52(2): 489-509.

[185] O. Katz, Y. Bromberg, Y. Silberberg. Compressive ghost imaging. Applied Physics Letters, 2009, 95(13): 131110.

[186] C. Zhao, W. Gong, M. Chen, et al. Ghost imaging lidar via sparsity constraints. Applied Physics Letters, 2012, 101(14): 141123.

[187] S. Zhao, L. Wang, W. Liang, et al. High performance optical encryption based on computational ghost imaging with QR code and compressive sensing technique. Optics Communications, 2015, 353: 90-95.

[188] W. Chen, X. Chen. Ghost imaging using labyrinth-like phase modulation

patterns for high-efficiency and high-security optical encryption. EPL(Europhysics Letters), 2015, 109(1): 14001.

[189] J. Li, J. S. Li, Y. Y. Pan, et al. Compressive optical image encryption. Scientific Reports, 2015, 5.

[190] J. Li, H. Li, J. Li, et al. Compressive optical image encryption with two-step-only quadrature phase-shifting digital holography. Optics communications, 2015, 344: 166-171.

[191] W. Chen, X. Chen. Ghost imaging for three-dimensional optical security. Applied Physics Letters, 2013, 103(22): 221106.

[192] S. Yuan, J. Yao, X. Liu, et al. Cryptanalysis and security enhancement of optical cryptography based on computational ghost imaging. Optics Communications, 2016, 365: 180-185.

[193] S. H. Jeon, S. K. Gil. Optical secret key sharing method based on Diffie-Hellman key exchange algorithm. Journal of the Optical Society of Korea, 2014, 18(5): 477-484.

[194] S. H. Jeon, S. K. Gil. Optical implementation of asymmetric cryptosystem combined with DH secret key sharing and triple DES. Journal of the Optical Society of Korea, 2015, 19(6): 592-603.

[195] S. Yuan, X. Liu, X. Zhou, et al. Optical encryption scheme with multiple users based on computational ghost imaging and orthogonal modulation. Journal of the Optical Society of Korea, 2016, 20(4): 476-480.

[196] W. Wang, X. Hu, J. Liu, et al. Gerchberg-Saxton-like ghost imaging. Optics Express, 2015, 23(22): 28416-28422.

[197] S. Yuan, X. Liu, X. Zhou, et al. Multiple-image encryption scheme with a single-pixel detector. Journal of Modern Optics, 2016, 63(15): 1457-1465.